C. Oster-Schmidt · Th. Dirschka

Dermatologische Therapie

Claus Oster-Schmidt und
Thomas Dirschka

Dermatologische Therapie

2. Auflage

ELSEVIER
URBAN & FISCHER

URBAN & FISCHER
München · Jena

Zuschriften und Kritik an:

Elsevier GmbH, Urban & Fischer Verlag, Lektorat Medizin, Karlstraße 45,
80333 München
E-mail: medizin@elsevier.com

Anschrift der Autoren

Dr. Claus Oster-Schmidt, Zum Weyerdamm 5, 57610 Altenkirchen
PD Dr. med. Thomas Dirschka, Schuchardstr. 15, 42275 Wuppertal

Wichtiger Hinweis für den Benutzer

Bibliografische Information der Deutschen Nationalbibliothek

Die Deutsche Nationalbibliothek verzeichnet diese Publikation in der Deutschen Nationalbibliografie; detaillierte bibliografische Daten sind im Internet über http://dnb.d-nb.de abrufbar.

Alle Rechte vorbehalten

07 08 09 10 11 5 4 3 2 1

Um den Textfluss nicht zu stören, wurde bei Patienten und Berufsbezeichnungen die grammatikalisch maskuline Form gewählt. Selbstverständlich sind in diesen Fällen immer Frauen und Männer gemeint.

Planung: Dr. Bernadette Aulinger, München
Lektorat: Dr. Stefanie Staschull, München
Herstellung: Johannes Kressirer, München; Sibylle Hartl, Valley
Satz: abavo GmbH, Buchloe
Druck und Bindung: LegoPrint, Lavis
Umschlaggestaltung: SpieszDesign, Neu-Ulm
Titelfotobild: SpieszDesign, Neu-Ulm

ISBN 978-3-437-22731-8

Aktuelle Informationen finden Sie im Internet unter www.elsevier.de und www.elsevier.com.

Vorwort

Es ist nicht wenig Zeit, was wir haben, sondern es ist viel Zeit, was wir nicht nützen.

SENECA Abhandlungen

Wenn wir heute über Zeit nachdenken, kommt uns zuerst in den Sinn, dass wir trotz multipler zeitsparender Segnungen des technischen Fortschrittes über immer weniger Zeit verfügen und sich der Ablauf von Zeit immer mehr zu beschleunigen scheint. Dies wird gerade Ärztinnen und Ärzten bewusst, die in immer kürzeren Zeiteinheiten immer mehr Patienten versorgen müssen und zudem mit immer aufwändigeren und den klinischen Alltag behindernden Dokumentationspflichten konfrontiert werden. Diesen Strömungen unserer Zeit muss sich notgedrungen auch die Informationsgewinnung unterordnen; es bleibt schlichtweg zu wenig Zeit, lange zu suchen, um auf die gewünschten Informationen zu stoßen.

Vor diesem Hintergrund haben wir das vorliegende Kitteltaschenbuch konzipiert. Es richtet sich an all diejenigen, die mit der Behandlung hautkranker Menschen befasst sind und über eine gute diagnostische Sicherheit verfügen. Dermatologische Krankheitsbilder und deren Differenzialdiagnosen werden deshalb nicht umfassend dargestellt, sondern lediglich schlaglichtartig beleuchtet. Das Buch fokussiert ganz auf die Therapie. Bewusst wurde auf jeglichen „scholastischen Ballast" verzichtet. Es ging uns darum, möglichst praxisnah moderne Therapiekonzepte darzustellen und dabei präzise nicht nur einzusetzende Wirkstoffe, sondern die geeignete Dosierung, Anwendungshäufigkeit und -dauer sowie therapeutische Alternativen mit anzugeben.

Wir hoffen, mit diesem Konzept den Wünschen klinisch tätiger Ärztinnen und Ärzte zu entsprechen. Nutzen Sie die gewonnene Zeit im Sinne Senecas zum Wohle Ihrer Patienten!

Unser Dank gilt Frau Staschull vom Elsevier Verlag, die jederzeit als kreative Ansprechpartnerin zur Verfügung stand. Ferner danken wir unseren Familien, die mit Geduld neben unserer Routinearbeit weitere Verknappungen zeitlicher Ressourcen hinnehmen mussten. Besonders erwähnen möchten wir Frau Alexandra Schmidt, die unsere Erweiterungen, Ergänzungen und Korrekturen in die EDV eingepflegt hat.

Altenkirchen und Wuppertal
im März 2007

Claus Oster-Schmidt
Thomas Dirschka

Inhalt

Abkürzungen / Symbole

↑	erhöht
↑↑	stark erhöht
↓	erniedrigt
↓↓	stark erniedrigt
♂	Mann / Männer
♀	Frau(en)

A

aa	zu gleichen Teilen
Acid. sal.	Salizylsäure
ad	zu
AD	autosomal-dominant
-alk.	-alkohol
allerg.	allergisch
Amp.	Ampulle
antibiot.	antibiotisch(e)
AR	autosomal-rezessiv
art.	arteriell
ASS	Azetylsalizylsäure
AU	Arbeitsunfähigkeit
a.-v.-Anastomose	arterio-venöse Anastomose
AVK	arterielle Verschlusskrankheit

B

bakt.	bakteriell(e)
BB	Blutbild
BCC	Basalzellkarzinom
Bef.	Befund
bds.	beidseits
Bili	Bilirubin
Btl.	Beutel
BZ	Blutzucker
bzw.	beziehungsweise

C

ca.	zirka
Ca.	Karzinom
chron.	chronisch
cm	Zentimeter
CML	chronische myeloische Leukämie
CT	Computertomografie
CTCL	cutaneous T-cell lymphoma
CVI	chronische venöse Insuffizienz

D

d	Tag/Tage
DADPS	Diaminodiphenylsulfon
DHD	Dermatitis herpetiformis Duhring
Def.	Definition
dest.	destillatum
d.h.	das heißt
Diab. mell.	Diabetes mellitus
Diag.	Diagnostik
diag.	diagnostisch
Diff.-BB	Differenzialblutbild
DLE	diskoider Lupus erythematodes
Drg(s).	Dragee(s)

E

EB	Epidermolysis bullosa
Echo	Echokardiogramm
ED	Einzeldosis, Einmaldosis
EEG	Elektroenzephalogramm
EL	Esslöffel
E'lyt(e)	Elektrolyt(e)
EMP	Ethambutol
Erkr.	Erkrankung
Erw.	Erwachsene(r)
evtl.	eventuell

F

FS	Fettsalbe
FT	Filmtablette

G

g	Gramm
ggf.	gegebenenfalls
GI(T)	Gastrointestinal(trakt)
Glu-6-P-DH	Glucose-6-phosphat-Dehydrogenase
GOT (AST)	Glutamat-Oxalacetat-Transaminase
GPT (ALT)	Glutamat-Pyrophosphat-Transaminase
gramneg.	gramnegativ
grampos.	grampositiv
Gy	Gray

H

h	Stunde (hora)
Hb	Hämoglobin
HIV	humanes Immundefizienzvirus
HPV	human papilloma virus
HSV	Herpes-simplex-Virus
HV	Hautveränderung(en)

I

i.c.	intrakutan
i.d.R.	in der Regel
IE	Internationale Einheit(en)
IKG	ideales Körpergewicht
Ind.	Indikation
INH	Isoniazid
inkl.	inklusive
i.m.	intramuskulär
Inf./-inf.	Infektion/-infektion
Insuff.	Insuffizienz
i.v.	intravenös

J

J	Joule
J.	Jahr

K

Kdr.	Kinder
kg	Kilogramm
/kg KG	pro Kilogramm Körpergewicht
KI	Kontraindikation(en)
Kl.	Klasse
KM	Knochenmark, Kontrastmittel
KO	Komplikation(en)
KOF	Körperoberfläche
kons.	konservativ
Konz.	Konzentration
Kps.	Kapsel

L

l	Liter
LA	Lokalanästhesie
LE	Lupus erythematodes
Leuko	Leukozyten
li.	links
LJ.	Lebensjahr
LK	Lymphknoten
Lsg./-lsg.	Lösung(en)/-lösung(en)

M

M.	Morbus
m	Meter
max.	maximal
MED	minimale Erythemdosis
MetHb	Met-Hämoglobin
mg	Milligramm
Min.	Minute(n)
mind.	mindestens
Mio.	Millionen
ml	Milliliter
mm	Millimeter
MM	malignes Melanom
mmol	Millimol
Mon.	Monat(e)
MOP	Methoxypsoralen

MPD	minimale fototoxische Dosis
MRT	Magnetresonanztomografie
MTX	Methotrexat
MUD	minimale urtikarielle Dosis
mykot.	mykotisch
µl	Mikroliter
µm	Mikrometer

N

N., Nn.	Naevus, Naevi
NaCl	Natriumchlorid
neg.	negativ
NHL	Non-Hodgkin-Lymphom
nm	Nanometer
NMR	Kernspintomografie
NMSC	nicht melanozytärer Hautkrebs
Nr.	Nummer
NSAID	nichtsteroidale Antiphlogistika
NW	Nebenwirkung(en)
NZN	Naevuszellnaevus

O

o.B.	ohne Besonderheiten
oberfl.	oberflächlich
Ol.	Oleum
Op.	Operation
O/W	Öl in Wasser

P

Pat.	Patient
path.	pathologisch
PDT	fotodynamische Therapie
periop.	perioperativ
PLD	polymorphe Lichtdermatose
p.o.	per os
pos.	positiv
postop.	postoperativ
präop.	präoperativ
Präp.	Präparat(e)

Progn.	Prognose
Ps.	Psoriasis
PSS	progressive systemische Sklerodermie
PUVA	Psoralen + UVA-Behandlung
PZA	Pyrazinamid

R

re.	rechts
Re-PUVA	Retinoid + PUVA
rez.	rezidivieren(d)
RMP	Rifampicin
Rö	Röntgen
RR	Blutdruck nach Riva-Rocci

S

s.	siehe
s.c.	subkutan
Sek.	Sekunde(n)
Sens./-sens.	Sensibilität/-sensibilität, Sensibilisierung
serol.	serologisch
SLE	systemischer Lupus erythematodes
SJS	Stevens-Johnson-Syndrom
SLND	Wächterlymphknotenbiopsie
s.o.	siehe oben
sog.	so genannte(r)
Sono./-sono.	Sonografie/-sonografie
SSM	superfiziell-spreitendes malignes Melanom
SSSS	staphylogenes Lyell-Syndrom
SSW	Schwangerschaftswoche
Staph.	Staphylococcus/Staphylokokken
stat.	stationär
STD	sexually transmitted disease(s)
Strept.	Streptococcus, Streptokokken
s.u.	siehe unten
SUP	selektive UV-Fototherapie
superf.	superfiziell
Supp.	Suppositorium/-en

Susp.	Suspension
Sy.	Syndrom, Symptomatik
syst.	systemisch(e)
Szinti	Szintigrafie

T

Tab.	Tabelle
tgl.	täglich
Tbc	Tuberkulose
Tbl.	Tablette(n)
TD	Tumordicke
Temp.	Temperatur
TEN	toxic epidermal necrolysis
Ther./-ther.	Therapie/-therapie
TIX	Therapeutischer Index
TL	Teelöffel
Tr.	Tropfen
Tu.	Tumor

U

u.a.	und andere, unter anderem
U/l	Units pro Liter
Ung.	Unguis
Ungt. (emuls. aquos.)	Unguentum (emulsificans aquosum)
Unters.	Untersuchung
UPF	ultraviolet protection factor
u.U.	unter Umständen
UVA, B	ultraviolettes Licht A, B

V

V.	Vena
V.a.	Verdacht auf
v.a.	vor allem
Vit.	Vitamin
VZV	Varicella-Zoster-Virus

W

wIRA	wassergefiltertes Infrarotlicht A
Wo.	Woche(n)

W/O	Wasser in Öl
WW	Wechselwirkung(en)

X

XD	X-chromosomal-dominant
XR	X-chromosomal-rezessiv

Z

z.A.	zum Ausschluss
z.B.	zum Beispiel
Z.n.	Zustand nach
ZNS	Zentralnervensystem
z.T.	zum Teil

Teil I

Therapie-verfahren

1 Externe Therapie

1.1 Leitlinien der externen Therapie

- Grundlage und Inhaltsstoffe müssen zur Behandlungsregion passen (☞ Tab. 1.1).
- Pat. nach Unverträglichkeiten fragen (Allergiepass).
- Auf Kompatibilität von Grundlage und Wirkstoff achten.
- Polypragmasie (viele Wirkstoffe in verschiedenen Grundlagen) vermeiden.
- Kein dauernder Ther.-Wechsel bei erfolgreicher Ther.
- Häufige Kontaktallergene berücksichtigen:
  - **In Grundlagen:** Perubalsam, Lanolin (Wollwachs).
  - **Als Wirkstoff:** Clioquinol (Vioform®), Gentamicinsulfat u. a.
  - **Als Emulgatoren:** Triethanolamin, Cetylstearylalkohole.
  - **Als Konservierungsstoffe:** Parabene.

> **! TIPP** Vaseline besitzt allergologisch als Grundlage die beste Verträglichkeit.

- Erforderliche Mengen berücksichtigen:
  - Tagesbedarf für Ganzkörperther.: Ca. 40 g.
  - Tagesbedarf für Hände, Gesicht, Kapillitium, Anogenitalregion: Je 2 g.
  - Tagesbedarf für obere Extremität: Je 3 g.
  - Tagesbedarf für Rumpf (Vorder- oder Rückseite): Je 3 g.
  - Tagesbedarf für untere Extremität: 4 g.

> **! TIPP** Walter's Pflegehand für Alleinstehende zum Auftragen von Topica.

Tab. 1.1 Externe Therapie

Behandlungsproblem	Geeignete Grundlagen	Therapiebeispiel	
Behaarter Kopf			
Schuppenlösung	Onguent La Roche-Posay	Acid. sal. (non solve) Onguent	 5,0 ad 100,0
	Lygal® Kopfsalbe N	Acid. sal. Lygal® Kopfsalbe N	5,0 (10,0) ad 100,0
Antientzündliche Wirkung	Isopropylalk. 70%	Triamcinolonacetonid Isopropylalk. 70%	0,1 ad 100,0
Gesicht			
Rosacea, periorale Dermatitis	Ungt. moll. Past. zinci moll. aa ad 30,0	Ammoniumbituminosulfonat Ungt. moll. Past. zinci mollis	2,0% aa ad 30,0
Akne	Linola®	Erythromycin Linola®	2,0% ad 50,0
Normale Gesichtshaut	Basiscreme DAC	Hydrocortison Basiscreme DAC (NRF 11.36)	0,5% ad 30,0
Fettige Gesichtshaut	Ungt. emuls. aquos.		
Lidbereich			
Ekzem	Vaselinum album	Hydrocortison Vas. alb.	0,2% ad 5,0
	Bepanthen® Augen- und Nasensalbe		

Tab. 1.1 Externe Therapie (Forts.)

Behandlungsproblem	Geeignete Grundlagen	Therapiebeispiel	
Gehörgang			
Ekzem	Bepanthen® Lotio	Hydrocortison Bepanthen® Lotio	0,5% ad 20,0
Stamm und Extremitäten			
Ekzem	Trockene Haut: Vaseline, Ungt. leniens Normale Haut: Basiscreme DAC, Ungt. emuls. Fettige Haut: Ungt. emuls. aquos.	Betamethasonvalerat Basiscreme DAC (NRF 11.37)	0,1% ad 100,0
Palmae / Plantae			
Ps. palmoplantaris	Vaseline (über Nacht) Ungt. emuls. aquos. (tagsüber)	Acid. sal. Vaselin. alb.	10,0 ad 100,0
Intertrigines			
Intertrigo	Pasta zinci mollis	Clotrimazol Triglyceroldiisostearat Past. zinci moll.	1,0% 3% ad 30,0
Genitoanalbereich			
Ekzem	Basiscreme DAC, Pasta zinci moll.	Hydrocortison Basiscreme DAC (NRF 11.36)	0,25–1,0% ad 30,0
Mundschleimhaut			
Stomatitis	Stomahesive® Haftpaste	Triamcinolonacetonid Stomahesive® Haftpaste	0,1% ad 30,0

1.2 Glukokortikosteroide

- Einteilung nach Niedner in 4 Wirkstoffklassen (schwach bis sehr stark) (☞ Tab. 1.2) mit Angabe der Wirkstoffe mit dem höchsten therapeutischen Index (TIX), definiert als Verhältnis von objektiv erfassten erwünschten zu unerwünschten Wirkungen.
- Haupt-NW: Atrophie der Haut.
- Anwendung im Bereich der Intertrigines führt zu verstärkter Wirkung und Atrophie.
- Großflächige Anwendung kann systemische Wirkungen induzieren.

Tab. 1.2 Beispiele für einige lokal applizierbare Glukokortikosteroide verschiedener Wirkstoffklassen

Wirkstoffklasse	Konzentration [%]	Beispiel für Handelspräparat
Klasse I		
Hydrocortisonacetat	1,0	Linola® Cort Hydro (Creme, Lotio)
Prednisolon	0,4	Linola® H (Emulsion)
Klasse II		
Triamcinolonacetonid	0,025	Polcortolon® N Spray
Triamcinolonacetonid	0,1	Linola® Cort Triam (Creme)
Prednicarbat (TIX 2)	0,25	Dermatop® (Creme, Salbe, Fettsalbe, Lösung)
Hydrocortisonbutyrat (TIX 2)	0,1	Alfason® (Crelo, Creme, Cresa, Salbe, Crinale)
Hydrocortisonaceponat	0,127	Retef® AP (Creme)
Methylprednisolonaceponat (TIX 2)	0,1	Advantan® (Creme, Fettsalbe, Salbe, Milch, Lösung)

Tab. 1.2 Beispiele für einige lokal applizierbare Glukokortikosteroide verschiedener Wirkstoffklassen (Forts.)

Wirkstoffklasse	Konzentration [%]	Beispiel für Handelspräparat
Klasse III		
Mometasonfuorat (TIX2)	0,1	Ecural® (Fettcreme, Salbe, Lsg.)
Betamethasonvalerat	0,1	Soderm® (Creme, Salbe, Lotio), Deflatop® 0,1 Schaum
Klasse IV		
Clobetasolpropionat	0,05	Dermoxin® (Creme, Salbe), Dermoxinale® (Lsg.); Clarelux® Schaum

1.3 Hitliste dermatologischer Rezepturen (☞ Tab. 1.3)

Tab. 1.3 Dermatologische Rezepturen

Rezeptur	Dosierung	Bemerkungen
Ekzemtherapie		
Hydrocortison-acetat Basiscreme DAC (NRF 11.36)	1,0 ad 100,0	Schwach wirksame steroidale Ther. (z. B. kurzzeitig im Gesicht)
Betamethason-17-valerat Basiscreme DAC (NRF 11.37)	0,1ad 100,0	Stark wirksame steroidale Ther. (z. B. hartnäckige Ekzeme außerhalb des Gesichtes und der Intertrigines)
Clobetasolpropionat Basiscreme DAC (NRF 11.76)	0,05 ad 100,0	Höchstwirksame (und stark atrophogene) steroidale Lokalther. (z. B. hartnäckige Ekzeme außerhalb des Gesichtes und der Intertrigines, nichtinfektiöse Granulomatosen)
Atopisches Ekzem (Pflege)		
Ureae pur. Aqu. purific. Excipial® Mandelölsalbe	5,0 10,0 ad 100,0	Intervallther. des atopischen Ekzems
Psoriasis capitis		
Triamcinolon-acetonid Acid. sal. Ethanol 96% Macrogol-8-stearat Isopropyl. myrist. Ol. arach.	0,1 10,0 10,0 10,0 35,0 ad 100,0	Entschuppende und antientzündliche „Ölkappe" über Nacht belassen
Triamcinolon-acetonid Acid. sal. Ethanol 70% (NRF 11.39)	0,2 2,24 ad 100,0	Antientzündlicher und schuppenlösender Kopfhautspiritus, 1 ×/d auftragen und einmassieren

Tab. 1.3 Dermatologische Rezepturen (Forts.)

Rezeptur	Dosierung	Bemerkungen
Psoriasis vulgaris		
Dithranol Acid. sal. Paraffin. subliqu. Vas. alb.	0,05–2,0 0,5–2,0 2,0 ad 100,0	Dithranol-Ther. der Psoriasis, nicht im Gesicht, Steigerung der Konz. genau beachten (☞ Kap. 15.6)
Aknetherapie		
Erythromycin Wasserfreie Zitratlsg. Ethanol 96% Aqu. purific. (NRF 11.78)	2,0 0,154 45,0 ad 100,0	Austrocknende Erythromycin-Lsg., 2 ×/d mit Wattebausch auftragen
Rosacea/periorale Dermatitis		
Ammoniumbituminosulfonat Ungt. moll. Past. zinci moll.	2,0 aa ad 100,0	Austrocknende antientzündliche Salbe, 2 ×/d auftragen
Metronidazol Nichtionisches wasserhaltiges Liniment DAC (NRF 11.92)	2,0 ad 100,0	2 ×/d dünn auf die betroffenen Hautpartien auftragen
Antiseptische Lokaltherapie		
Triclosan Hydrophobe Basiscreme DAC (NRF 11.122)	2,0 ad 100,0	Antiseptische Creme, z. B. bei superinfiziertem Ekzem
Clioquinol Lotio Cordes®	2,0 ad 100,0	z. B. Lokalther. des Herpes simplex /Herpes zoster

1.4 Hitliste dermatologischer Externa (Fertigpräparate)

Mit einer kleinen Auswahl dermatologischer Fertigpräparate lässt sich eine Vielzahl von Erkrankungen behandeln (☞ Tab. 1.4).

Tab. 1.4 Auswahl dermatologischer Externa

Präparat	Indikationen
Ekzemtherapie	
Dermatop® Fettsalbe, Salbe	Trockene Ekzeme, Psoriasis
Diprosis® Gel	Schuppenlösung, Tinea amiantacea, seborrhoisches Kopfekzem, Ps. capitis
Ecural® Lsg.	Seborrhoisches/atopisches Kopfekzem, Ps. capitis
Advantan® Milch	Flächige akute bis subakute Dermatitis (z. B. Dermatitis solaris)
Alfason® Crelo	Schuppenlösende Ekzemther. (Kopfhaut, Gehörgänge), Insektenstiche, kurzzeitige Ekzemther. im Gesicht
Dermoxin® (Creme, Salbe)	Hochpotentes Steroid zur Lokalther. papulöser HV (z. B. Lichen ruber) Steroidale Lokalther. hartnäckiger chron. Ekzeme und granulomatöser Erkr.
Locacorten®-Vioform® (Creme, Paste, Salbe); DuoGalen® Creme	Schwere superinfizierte Ekzeme
Linola® Cort Hydro 0,5 Creme	Steroidale Lokalther. (z. B. Gesicht)
Ichtholan®	Ther. mit Ammoniumbituminosulfonat von Kopfekzemen/Psoriasis
Berniter® Kopfhaut-Gel, Tarmed	Antiekzematöse teerhaltige Kopfhautther. (Shampoo, Lösung)

Tab. 1.4 Auswahl dermatologischer Externa (Forts.)

Präparat	Indikationen
Lygal® Kopfsalbe N	Schuppenlösende Ther. der Kopfhaut (z.B. Ps. capitis)
Tannosynt®-Lotio	Austrocknende Ther. bei nässenden (dyshidrotischen) Ekzemen, Insektenstiche
Tannolact®-Pulver	Teilbad oder Umschläge bei nässenden Ekzemen
Infectosoor Zinksalbe	Windeldermatitis, nässende Intertrigo
Nystaderm® (comp.) Paste	Intertriginöse Ekzeme, ggf. mit Candidainf.
Atopisches Ekzem (Intervalltherapie)	
Physiogel® A. I. Crème/ Lotion Creaderm® Creme	Pflegende Ther. trockener Hautzustände (z.B. Intervallther. des atopischen Ekzems)
Basodexan® Salbe, Softcreme	Harnstoffhaltige Intervallther. des atopischen Ekzems
Psoriasistherapie	
Ecural® Fettcreme	Psoriasis vom chron. stationären Typ
Betadermic®-Salbe	Psoriasis vom chron. stationären Typ (auch schuppenlösend)
Diprosis® Gel Clarelux® Schaum	Schuppenlösung, Tinea amiantacea, seborrhoisches Kopfekzem, Ps. capitis
Dermoxin® (Creme, Salbe)	Hochpotentes Steroid zur Lokalther. kleiner hochchron. Psoriasis- oder Lichen-ruber-Herde
Berniter® Kopfhaut-Gel, Tarmed	Antiekzematöse teerhaltige Kopfhautther. (Shampoo/Lösung)
Ecural® Lösung	Seborrhoisches/atopisches Kopfekzem, Ps. capitis
Micanol® 1%/3% Creme	Minutenther. der chron. stationären Psoriasis

Tab. 1.4 Auswahl dermatologischer Externa (Forts.)

Präparat	Indikationen
Lygal® Kopfsalbe N	Schuppenlösung an der Kopfhaut (z. B. Ps. capitis)
Infectosoor Zinksalbe	Psoriasis im Windelbereich mit Candidainf.
Nystaderm® (comp.) Paste	Intertriginöse Psoriasis ggf. mit Candidainf.
Daivobet® Salbe/ Curatoderm® Salbe	Vit.-D_3-Präp. zur Lokalther. der Psoriasis
Zorac® 0,05%/0,1%	Retinoid zur Lokalther. der Psoriasis
Aknetherapie	
Dermowas® Lsg.	Antibakterielle Reinigungslsg. (z.B. Follikulitis)
Benzaknen® (5%, 10%) Gel	Schälende und antibakterielle Aknether.
Isotrex® Gel (0,1), Creme (0,05/0,1)	Schälende Aknether., austrocknend
Differin® Gel/Creme	Schälende Aknether., mäßig austrocknend
Skinoren® 20% Creme/15% Gel	Ther. der Akne bei empfindlicher Haut, atopischer Diathese
Aknichthol® soft N	Akne, Rosacea, periorale Dermatitis
Rosacea/periorale Dermatitis	
Ichthosin® Creme	Ther. mit Na-Bitumnosulfonat von Gesichtsdermatosen (z. B. Rosacea)
Aknichthol® soft N	Akne, Rosacea, periorale Dermatitis
Rosiced® Creme Metrosa® Metrocreme® Metrolotion® Metrogel®	Rosacea
Antiseptische Therapie	
Chinosol® (Tbl. zur Anfertigung einer wässrigen Lsg.)	Kühlende, feuchte antiseptische Lokalther. (z.B. Erysipel, Impetigo)

Therapieverfahren

Tab. 1.4 Auswahl dermatologischer Externa (Forts.)

Präparat	Indikationen
Dermowas® Lsg.	Antibakterielle Reinigungslsg. (z. B. Follikulitis)
Braunol® Lsg.	Antiseptische Lokalther. (z. B. Wundbehandlung)
Braunovidon® Salbe	Antiseptische Wundbehandlung
Refobacin® Augensalbe	Antibakterielle Augenther.
Flammazine®	Antiseptische Lokalther. von Verbrennungswunden
Antimykotische Therapie	
Imazol® Paste	Antimykotische Lokalther. in den Intertrigines
Batrafen® Creme	Antimykotische Lokalther. (Tinea pedum, corporis)
Nystaderm® (comp.) Paste	Ther. der Candida-Intertrigo
Infectosoor Zinksalbe	Ther. der Windeldermatitis
Cloderm® Lsg.	Ther. der Pityriasis versicolor (Duschther.)
Fungizid® ratiopharm Kombi.	Partnerther. der genitalen Candidose
Nagel Batrafen®	Lokalther. von Nagelmykosen
Warzentherapie	
Guttaplast® Pflaster	Warzenlösendes salizylsäurehaltiges Pflaster
Duofilm / Solco-Derman® / Verrumal® Lsg.	Lokalther. von Verrucae vulgares
Aldara® 5% Creme	Nachbehandlung von Condylomata acuminata
Wartec Creme 0,15% (♂ + ♀) / Condylox® Lsg. (♂)	Ther. von Condylomata acuminata
Anaesthesulf® Lotio	Pruritusstillende und austrocknende Ther. (z. B. Varizellen, Herpes zoster)

Tab. 1.4 Auswahl dermatologischer Externa (Forts.)

Präparat	Indikationen
Epizoonosentherapie	
Infectoscab 5% Creme	Ther. der Skabies im Kindes- und Erwachsenenalter
Antiscabiosum® 10% Emulsion	Ther. der Skabies im Kindesalter
Jacutin N Spray/ Infectopedicul Lösung Hedrin® Lsg.	Ther. der Pedikulose
Verschiedenes	
Bepanthen® Wund- und Heilsalbe	Pflegende Nachbehandlung der Haut
Ell-Cranell® alpha	Lokalther. der androgenetischen Alopezie (♂ – ♀)
Posterisan® Salbe	Hämorrhoidenther. (bis Erbsengröße)
Efudix®-Creme	Ther. von aktinischen Keratosen, M. Bowen, oberflächlichen Basaliomen
Volon® A 10 (z. B. verdünnt in Scandicain® 1% 1 : 2–3)	Unterspritzung granulomatöser Hauterkr., chron. Dermatosen (z. B. Lichen ruber)
Volon® A Haftsalbe	Nichtinfektiöse entzündliche Erkr. im Mund
Anthélios® XL 50+	Lichtschutzpräparat (z. B. bei fotoprovozierten Dermatosen, starker Lichtempfindlichkeit)
Emla® Pflaster/Creme	Lokalanästhesie, z. B. vor Kürettage von Mollusken oder Blutabnahmen im Kindesalter

Therapieverfahren

2 Interne Therapie

2.1 Therapierichtlinien

- Schneller Einsatz, wenn indiziert; ausreichende Dosierung sicherstellen.
- Kinderwunsch, Schwangerschaft, Stillzeit berücksichtigen.
- Medikamentenanamnese (Wechselwirkungen).
- Erforderliche Laborkontrollen vor und während der Ther.

2.2 Häufig verwendete Medikamente

2.2.1 Wichtige Interna (☞ Tab. 2.1)

Tab. 2.1 Häufig benutzte Interna

Präparat / Bsp. Handelsname, Standarddosierung Erw.	Wichtige dermatologische Indikationen	Wichtige NW (Auswahl)	Bemerkungen
Penicillin G (Penicillin „Grünenthal" 1 Mega) 3–4 × 3 Mio. IE i.v., Erysipel 3 × 10 Mio. IE i.v. über 10 d	Impetigo contagiosa, Erysipel, Syphilis	Allergie (alle Allergietypen möglich)	Herabsetzung der Wirkung von Antikoagulanzien
Penicillin V (Isocillin® 1,2 Mega) 3 × 1,2 Mio. IE p.o.	Wie Penicillin G	Wie Penicillin G	Wie Penicillin G
Dicloxacillin (z.B. InfectoStaph®) 4–6 × 500 mg p.o.	Furunkel, Karbunkel	Allergie, Lyell-Sy., Krämpfe, BB-Veränderungen	Mit ASS und Sulfonamiden Verdrängung aus der Eiweißbindung

Tab. 2.1 Häufig benutzte Interna (Forts.)

Präparat/Bsp. Handelsname, Standarddosierung Erw.	Wichtige dermatologische Indikationen	Wichtige NW (Auswahl)	Bemerkungen
Ampicillin (Ampicillin-ratiopharm® 1000) 3–4 × 1 g p.o.	Harnwegsinf. in der Schwangerschaft	Ampicillinexanthem bei Mononukleose, Allergie	Herabsetzung der Wirkung von Antikoagulanzien
Cefuroxim (Sandoz®) 2 × 500 mg p.o.	Pyodermie, Weichteilinf. (z. B. nach Op.), periop. Abschirmung des Pat.	Allergie, pseudomembranöse Kolitis	Herabsetzung der Wirkung von Antikoagulanzien, Kontrazeptiva
Ceftriaxon (Rocephin®) 1 × 2 g i.v.	Gramneg. Fußinf., Borreliose (über 2–4 Wo bei sonstiger Therapieresistenz)		
Doxycyclin (Doxyderma®), 2 × 50 mg/d Minocyclin (Skid®)	Akne, Rosacea, periorale Dermatitis	Allergie, Zahnverfärbung, Fotosens.↑, Schwindel	Nicht während Schwangerschaft, Stillzeit und bei Kdr. < 8 J.
Ciprofloxacin (Sandoz®) 2 × 500 mg p.o.	Fast alle grampos. und gramneg. Erreger, z. B. gramneg. Fußinf., superinfiziertes Ulcus cruris, periop. antibiotische Ther.	GI-NW, Schwindel	Dosisanpassung bei Niereninsuff.

Therapieverfahren

Tab. 2.1 Häufig benutzte Interna (Forts.)

Präparat/Bsp. Handelsname, Standarddosierung Erw.	Wichtige dermatologische Indikationen	Wichtige NW (Auswahl)	Bemerkungen
Erythromycin (Wolff®), 3 × 500 mg	Ther. des Erysipels bei Penicillinallergie	GI-NW, Allergie, Leberschäden	WW (Theophyllin, Digoxin, Antikoagulanzien, Kontrazeptiva)
Metronidazol 3 × 500 mg i. v. (Infectoclont®); 3 × 400 mg p.o. (Metronidazol Sandoz®)	Anaerobier, Entamoeba histolytica, Trichomaden, Toxoplasmen	GI-NW, Pankreatitis	Alkoholunverträglichkeit
Nystatin (Mykundex®-Suspension)	Intestinale Candidose, Soor	Keine	Präp. wird nicht resorbiert
Itraconazol (Sandoz®) Dermatophytosen 100 mg/d Onychomykose 200 mg/d	Dermatophyten-, Hefe-, Schimmelpilzinf.	GI-NW (selten), wegen Toxozität max. 3 Mon.	Nicht während der Schwangerschaft!, schlechte Resorption
Fluconazol (Diflucan®) 1 × 50 mg p.o. Systemcandidose/Kryptokokkenmeningitis 1 × 200 mg p.o. oder i.v.	Dermatophyten-, Hefen-, Schimmelpilzinf., Systemcandidosen, Kryptokokkenmeningitis	GI-NW, periphere Nervenstörungen, Leber- und Nierenwertveränderungen	Auch bei Kdr. als Saft möglich
Terbinafin (Octosan®) 1 × 250 mg/d	Dermatophyteninf. (nicht Hefen und Schimmelpilze!)	GI-NW (selten), allerg. Hautreaktionen, Geschmacksstörungen, SCLE	Nicht während der Schwangerschaft!

Tab. 2.1 Häufig benutzte Interna (Forts.)

Präparat/Bsp. Handelsname, Standarddosierung Erw.	Wichtige dermatologische Indikationen	Wichtige NW (Auswahl)	Bemerkungen
Griseofulvin (Likuden® M und M 500) Erw.: 2 × 500 mg/d Kdr.: 10 mg/kg KG/d	Dermatophyteninf., Favus, Mikrosporie	GI-NW, Fotosensibilisierung, ZNS-Störungen, Leberstörungen	Nicht während der Schwangerschaft!, regelmäßige BB- und Transaminasenkontrollen
Aciclovir (z. B. Virzin®) alle 5 h 800 mg p.o.	Herpes zoster, HSV-Inf.	GI-NW, Allergie	Präzise Einnahme (auch nachts), Dosisanpassung bei Niereninsuff.
Brivudin (Zostex®) 1 × 1 Tbl. über 7 d	Herpes zoster	GI-NW, Kopfschmerzen	Keine gleichzeitige Gabe von 5-FU oder 5-FU-Prodrugs
Valaciclovir (Valtrex®) 3 × 2 Tbl.	Herpes zoster	GI-NW, Kopfschmerzen, Transaminasen↑, BB-Veränderungen	Dosisanpassung bei Niereninsuff.

2.2.2 Glukokortikosteroide

Wichtigste antiinflammatorische Ther. in der Dermatologie (☞ Tab. 2.2).

Tab. 2.2 Systemische Glukokortikoide in der Dermatologie

Substanz	Präparat	Entzündungs-hemmende Wirkung (Dosis in mg)	Cushing-schwel-lendosis [mg]
Cortison	Cortison CIBA	0,8	40
Prednison/ Prednisolon	Decortin®, Decortin® H	4	7,5
Methylprednisolon	Urbason®	5	6,0
Cloprednol	Syntestan®	8	12,5
Dexamethason	Fortecortin®	30	1,5
Betamethason	Celestan®	30	1,0

- Vor Therapiebeginn genaue Anamnese:
  - Diab. mell.
  - Glaukom.
  - Ulcus ventriculi.
- Initial meist höherdosierte Behandlung, nach Besserung ausschleichende Ther., ggf. Erhaltungsdosis unterhalb der Cushingschwelle (☞ Tab. 2.2 und 2.3).

Tab. 2.3 Dosierungsbeispiele bei verschiedenen Hauterkrankungen

Indikation	Präparatebeispiel, Dosierung
Akute Urtikaria, Arzneimittelexanthem	100 mg Solu-Decortin® H i.v., rasch ausschleichen
Lyell-Sy.	Bis 500 mg Solu-Decortin® H i.v./d

Tab. 2.3 Dosierungsbeispiele bei verschiedenen Hauterkrankungen (Forts.)

Indikation	Präparatebeispiel, Dosierung
Großflächige Dermatitiden, Erythrodermie	Initial bis 100 mg Solu-Decortin® H i.v.
Lichen ruber exanthematicus	30–50 mg Decortin® H/d

- Statt höherdosierter Dauerther. ggf. Kombination mit anderem Immunsuppressivum (z.B. Imurek®).
- **Absolute KI:** Herpes-simplex-Keratitis, Systemmykosen, vor und nach Schutzimpfungen.
- **Relative KI:** Hypertonie, Herzinsuff., Psychosen, Ulcus ventriculi, Diab. mell., Osteoporose, Katarakt, Schwangerschaft.

2.2.3 Immunsuppressiva (☞ Tab. 2.4)

Tab. 2.4 Immunsuppressiva in der Dermatologie

Präparat/Bsp. Handelsname, Standarddosierung Erw.	Wichtige dermatologische Indikationen	Wichtige NW (Auswahl)	Bemerkungen
Azathioprin (Imurek®) 50–150 mg	SLE, PSS, Pemphigus vulgaris, bullöses Pemphigoid, Lichen ruber	Zytopenie, Cholestase, allergische Hepatitis, Alopezie, Stomatitis	Mit Allupurinol: KM-Toxizität↑↑ Nicht während Schwangerschaft/Stillzeit!
Fumarsäureester (Fumaderm® initial, Fumaderm®) Steigerung nach klinischem Ansprechen, max. 6 Tbl.	Ps. vulgaris	Flush, GI-NW, Leukopenie, Lymphopenie, Eosinophilie	1×/Mon. Kontrollen Diff.-BB, Kreatinin-Clearance Nicht während Schwangerschaft/Stillzeit!

Tab. 2.4 Immunsuppressiva in der Dermatologie (Forts.)

Präparat/Bsp. Handelsname, Standarddosierung Erw.	Wichtige dermatologische Indikationen	Wichtige NW (Auswahl)	Bemerkungen
Cyclophosphamid (Endoxan®) Dauerther.: 1–3 mg/kg KG p.o. Stoßther. 15 mg/kg KG i.v. als ED alle 2–4 Wo.	Wegener-Granulomatose, Dermatomyositis, SLE, Pemphigus vulgaris, bullöses Pemphigoid, Vaskulitiden, Panarteriitis nodosa, Pyoderma gangraenosum	GI-NW, Panzytopenie, hämorrhagische Zystitis, toxische Hepatitis	Mit Allupurinol: KM-Toxizität↑↑ Prophylaxe der hämorrhagischen Zystitis durch Gabe von Mesna (Uromitexan®) i.v. 25% der applizierten Endoxandosis. Nicht während Schwangerschaft/Stillzeit!
Methotrexat (Lantarel®) 2, 5, 7 (bis max. 25) mg als wöchentliche ED p.o., i.m., i.v., s.c.	Schwere Ps. vulgaris, Ps. pustulosa, Ps. arthropathica	KM-Depression, GI-NW	Multiple WW beachten, initial in 2-wöchigen, später 4-wöchigen Abständen BB, Leber- und Nierenwerte kontrollieren, alle 6 Mon. Lebersono. Nicht während der Schwangerschaft/Stillzeit! Während und 6 Mon. nach der Ther. bei ♂ und ♀ Verhütung beachten

Tab. 2.4 Immunsuppressiva in der Dermatologie (Forts.)

Präparat/Bsp. Handelsname, Standarddosierung Erw.	Wichtige dermatologische Indikationen	Wichtige NW (Auswahl)	Bemerkungen
Ciclosporin A (Sandimmun Optoral®), 5 mg/kg KG/d	Ps. vulgaris, Lichen ruber, Pemphigus vulgaris, M. Behçet, Vasculitis allergica, Pyoderma gangraenosum	GI-NW, Bili↑, GOT↑, GPT↑, Gingivahyperplasie, Tremor, natriumsensible Hypertonie, Alopezie	Alle 4 Wo. RR- und Nierenwerte kontrollieren Strenge Indikationsstellung in der Schwangerschaft! WW mit diversen Medikamenten (z. B. Statine, wenn indiziert, am besten Pravastatin, da kaum über CYP 3A4 metabolisiert)

2.2.4 Chloroquin/Hydroxychloroquin (☞ Tab. 2.5)

Tab. 2.5 Chloroquinpräparate

Präparat/Bsp. Handelsname, Standarddosierung Erw. nach Idealgewicht [IKG]	Wichtige dermatologische Indikationen	Wichtige NW (Auswahl)	Bemerkungen
Chloroquin (Resochin®) 120–250 mg (≤ 4 mg/IKG/d)	Kutaner und SLE, chron. Polyarthritis, Porphyria cutanea tarda (2 × 125 mg/Wo.)	Ablagerungen an Kornea und Netzhaut, GI-NW, Panzytopenie, Myopathie,	Multiple WW, augenärztliche Kontrollen vor Ther. und alle 4 Mon., BB-Kontrollen alle 2 Mon. inkl. CK

Tab. 2.5 Chloroquinpräparate (Forts.)

Präparat/Bsp. Handelsname, Standarddosierung Erw. nach Idealgewicht [IKG]	Wichtige dermatologische Indikationen	Wichtige NW (Auswahl)	Bemerkungen
Hydroxychloroquin (Quensyl®) Anfangsdosis 400–600 mg/d; Erhaltungsdosis 200–400 mg/d (≤ 6,5 mg/IKG/d)	Kutaner und SLE	Weißfärbung der Haare	Rauchen mindert Wirkung

Berechnung des IKG für ♂ (Größe in cm – 100) – 10%, für ♀ (Größe in cm – 100) – 15%.

2.2.5 Retinoide (☞ Tab. 2.6)

Tab. 2.6 Retinoide in der Dermatologie

Präparat/Bsp. Handelsname, Standarddosierung Erw.	Wichtige dermatologische Indikationen	Wichtige NW (Auswahl)	Bemerkungen
Acitretin (Neotigason®) Initialdosis 10–75 mg, Erhaltungsdosis 10–50 mg (je nach Erkr.)	Ps. vulgaris, Ps. pustulosa (generalisata und palmoplantaris), Ps. arthropathica, Ichthyosis vulgaris, Ichthyosis congenita, Lichen ruber, Keratosis palmoplantaris, M. Darier	GI-NW, trockene Haut und Lippen, Pruritus, Konjunktivitis, Transaminasenerhöhung, Muskel- und Gelenkschmerzen	WW: z.B. mit Tetracyclinen (Hirndruck↑). Nicht bei ♀ im gebärfähigen Alter. Schwangerschaft vor, während und nach Ther. für 2 J. ausschließen, nicht für Kontaktlinsenträger, keine Blutspende während und bis 4 Wo. nach Ther.

Tab. 2.6 Retinoide in der Dermatologie (Forts.)

Präparat/Bsp. Handelsname, Standarddosierung Erw.	Wichtige dermatologische Indikationen	Wichtige NW (Auswahl)	Bemerkungen
Isotretinoin (-Isis®, Aknenormin®)	Therapieresistente Formen der Acne conglobata, Acne fulminans, Rosacea, gramneg. Follikulitis	Wie Acitretin, außerdem Hypertriglyceridämie	WW wie Acitretin, Schwangerschaftstests vor Ther., dann alle 4 Wo., Bedarf für 30 d darf rezeptiert werden, Kontrazeptionsschutz bis 4 Wo. nach Ther.

2.2.6 Antihistaminika (☞ Tab. 2.7)

Tab. 2.7 Antihistaminika in der Dermatologie

Präparat/Bsp. Handelsname, Standarddosierung Erw.	Wichtige dermatologische Indikationen	Wichtige NW (Auswahl)	Bemerkungen
Dimetinden (Fenistil® Tbl., Drgs., Tr., Sirup)	Pruritus, Urtikaria, Ekzeme, atopische Dermatitis	GI-NW, Sedierung, Mundtrockenheit, Übelkeit, Schwindel	Nicht bei Säuglingen unter 1 Mon., in der Schwangerschaft erlaubt
Desloratadin (Aerius® Tbl., Sirup)	Allergische Rhinokonjunktivitis, Urtikaria		Zugelassen ab dem 12. LJ. (Tbl.), ab 1. LJ. (Sirup)
Fexofenadin (Telfast® 30, 120, 180 mg Tbl.)		Übelkeit Schwindel	Zugelassen ab dem 6. LJ., keine Dosisanpassung bei Nieren- und Leberfunktionsstörungen

2.2.7 Verschiedene Therapeutika (☞ Tab. 2.8)

Tab. 2.8 Verschiedene Therapeutika

Präparat/Bsp. Handelsname, Standarddosierung Erw.	Wichtige dermatologische Indikationen	Wichtige NW (Auswahl)	Bemerkungen
Dapson (DADPS) (Dapson-Fatol) 50–200 mg je nach Ind.	Blasenbildende Autoimmunderматosen, v.a. DHD, Erkr. mit Eosinophilie	Met-Hb-Bildung, BB-Veränderungen	Vor Therapiebeginn Met-Hb und Glu-6-P-DH kontrollieren, verschiedene WW beachten; immer Vit. C 1 g/d (z.B. Cebion®) zusätzlich
Colchicin (Colchicum-Dispert®) 1–3 × 0,5 mg/d	M. Behçet, DHD, chron. rez. Aphthen, Gicht	GI-NW, Myopathien, BB-Veränderungen	Verschiedene WW beachten

3 Lichttherapie

3.1 Therapierichtlinien

- Durchführung nur durch geschultes und entsprechend sensibilisiertes Personal.
- Genaue Aufklärung des Pat. vor Therapiebeginn (schriftlich).
- Medikamentenanamnese (lichtsensibilisierende fototoxische Wirkungen beachten!).
- Genaue Planung und Dokumentation der Bestrahlung.
- Tragen von Lichtschutzbrillen bei der Bestrahlung.

3.2 Fototherapien

3.2.1 UVB-Breitspektrum-Fototherapie

Ther. mit UVB (280–320 nm) → Erythemspektrum, Überbestrahlung führt zu Sonnenbrand.
Ind.: Ps. vulgaris, Parapsoriasis en plaques, Pityriasis lichenoides, atopisches Ekzem, Pruritus verschiedener Genese, Prurigo simplex subacuta, PLD (prophylaktisch), Pityriasis rosea.
KI: UVB-Unverträglichkeit, lichtprovozierbare Dermatosen (z.B. SLE).

Durchführung

- Beginn mit 0,03 J/cm² (oder 80% der vorher ermittelten MED).
- Tägliche Steigerung um 0,03 J/cm² (sollte bis zur Auslösung eines milden Erythems gehen, ansonsten Dosisanpassung oder bei stärkerem Erythem Therapiepause).
- Bestrahlungen 3–5 ×/Wo. über 3–5 Wo.

3.2.2 311-nm-UVB-Fototherapie

Bestrahlung mit weitgehend monochromatischem Licht (311 nm, Philips TL 01 Lampe).

Ind.: Ps. vulgaris, Vitiligo, Parapsoriasis en plaques, Pityriasis lichenoides.

Durchführung

- Beginn mit 0,1 J/cm^2.
- Tägliche Steigerung um 0,1 J/cm^2 (sollte bis zur Auslösung eines milden Erythems gehen, ansonsten Dosisanpassung oder bei stärkerem Erythem Therapiepause).
- Bestrahlungen 3–5 ×/Wo. über 3–5 Wo.

Vorteil gegenüber UVB-Breitspektrumther.: Stärkere Wirkung auf Psoriasis.

3.2.3 Foto-Sole-Therapie

Zunächst Bad in 27%iger Kochsalzlsg. (Starksole) über 15 Min., dann UVB-Bestrahlung.
Ind.: Psoriasis, atopisches Ekzem.
KI: Wie UVB-Ther., zusätzlich nässende HV und Exkoriationen (Sole brennt!).
NW: Hautreizungen.
Therapiemodifikation zur Einsparung von NaCl: Pat. badet in Folienbezug, der 4 l Wasser aufnimmt (Bezug über Fa. Phadimed, Herne).

3.2.4 UVA$_1$-Fototherapie

Bestrahlung mit UV-Licht einer Wellenlänge von 320–400 nm.
Ther. bislang meist nur an spezialisierten Zentren möglich.
Ind.: Atopisches Ekzem, zirkumskripte Sklerodermie, Urticaria pigmentosa.
Durchführung: Bestrahlungen 4–5 ×/Wo., Dosierung als niedrigdosierte UVA$_1$-Ther. (30 J/cm^2) oder hochdosierte UVA$_1$-Ther. (130 J/cm^2).

3.3 PUVA-Therapie

Bestrahlung mit UVA-Licht nach vorangegangener Fotosensibilisierung mit Psoralenen als systemische PUVA-Ther. oder als lokale PUVA-Ther. (Creme, Lsg. oder Vollbad).

3.3.1 Systemische PUVA-Therapie

Systemische Psoralenapplikation (Tbl.). UVA-Ther. 1–3 h später.

Hauptind.: Ps. vulgaris, kutanes T-Zell-Lymphom.

Nebenind.: Aktinische Prurigo, aktinisches Retikuloid, Alopecia areata, chron. aktinische Dermatitis, Druck- und Lichturtikaria, erythropoetische Protoporphyrie, Graft-versus-Host-Reaktion, Granuloma anulare, Lichen ruber, lymphomatoide Papulose, Parapsoriasis en plaques, persistierende Lichtreaktion, Pityriasis lichenoides, Prurigo nodularis, Urticaria pigmentosa.

Absolute KI: Bloom-Sy., Cockayne-Sy., Dermatomyositis, dysplastisches Naevuszellnaevus-Sy., Gorlin-Goltz-Sy., MM, SLE, Trichothiodystrophie, Xeroderma pigmentosum.

Relative KI: Anamnese von Plattenepithel-Ca., Basalzell-Ca. Rö.-, Arsen-, Ciclosporinther., begleitende immunsuppressive Ther., Schwangerschaft, Stillzeit, Alter < 10 J., Katarakt, Einnahme fototoxischer/fotoallergischer Medikamente, Anwendung ionisierender Strahlen, Leber- und Nierenstörungen.

Durchführung

- Bestimmung der MPD. Nach 72 h ablesen und Startdosis UVA (50–80% der MPD) bestimmen; wenn MPD nicht bestimmt werden kann, Beginn mit 0,5–1,5 J/cm^2.
- Psoralengabe 0,6–0,8 mg/kg KG 8-MOP (Meladinine®-Tbl.).
- Behandlung 4 ×/Wo. (MO, DI, DO, FR).
- Steigerung individuell, nach ≥ 72 h um max. 50% der initialen UVA-Dosis.
- Aussparung des Genitalbereiches (Tragen von dunkel gefärbter Unterwäsche aus Wolle oder Baumwolle).

! Beachten UVA-Schutzbrille (z. B. Clarlet rosé®, Fa. Zeiss) wegen Kataraktgefahr bis 12 h nach erfolgter Ther. tragen; Langzeitnebenwirkungen (BCC, Plattenepithel-Ca.), max. 150 Bestrahlungen im Leben!

3.3.2 PUVA-Bad-Fotochemotherapie

Bad in meladininehaltigem Voll- oder Teilbad, anschließend UVA-Ther.

Ind.: Wie syst. PUVA-Ther., zirkumskripte Sklerodermie.

Absolute KI: Wie syst. PUVA-Ther.

Relative KI: Wie syst. PUVA, außer Katarakt, Leber- und Nierenversagen.

Durchführung

- 20 ml Meladinine® Lösungskonzentrat 0,3% auf 150 l Wasser (normales Wannenvollbad, Temp. 37 °C), 20 Min. Badezeit (präzise Einhaltung der Vorgaben).
- Behandlungshäufigkeit: 4 ×/Wo. (MO, DI, DO, FR), nach 2 Behandlungen 1 d Pause einlegen.
- Beginn mit 30% der MPD, wenn MPD nicht bestimmbar 0,2 J/cm^2, Steigerung jede 3. Behandlung um 0,2 J/cm^2.

Vorteile gegenüber der systemischen PUVA-Ther.

- Keine syst. NW (Übelkeit, Leber- oder Nierenbeeinflussung).
- Keine Brille erforderlich, da Linsen nicht fotosensibilisiert werden.
- Fotosensibilisierung kann auf behandlungsbedürftige Areale beschränkt werden.
- Niedrigere kumulative UV-Dosen möglich (NW an der Haut geringer).

Ther. an besonderen Lokalisationen

- **Gesicht:** Als PUVA-Läppchen-Ther. (in 8-MOP-Lsg. getränkte Leinenlappen für 20 Min. auflegen).
- **Kopfhaut:** Als PUVA-Turban-Ther. (mit 8-MOP-Lsg. getränkte Tücher für 20 Min. wie einen Turban umlegen).

3.3.3 PUVA-Creme-Therapie

Auftragen einer 8-MOP-haltigen Creme, anschließend UVA-Ther.

Ind.: Ps. vulgaris (chron. stationärer Typ). Ps. palmoplantaris, chron. Hand-, Fußekzeme, umschriebene Vitiligo, Alopecia areata, kutanes T-Zell-Lymphom, lymphomatoide Papulose.
Durchführung: Auftragen einer 8-MOP-haltigen Creme direkt vor UVA-Ther., anschließende Bestrahlung mit UVA.
Rp.
Methoxsalen 0,006% Cordes RK 10,0
Basiscreme DAC ad 100,0

3.4 Light-Hardening

Überwindung einer überstarken Lichtempfindlichkeit durch allmähliche Gewöhnung an UVB, UVB/UVA, syst. PUVA-Ther. mit vorsichtiger Dosissteigerung. Beginn 4–6 Wo. vor Sonnenexposition.
Ind.: PLD, Lichturtikaria.

Durchführung

- Beginn mit 1,0 J/cm^2 UVA, 0,01–0,02 J/cm^2 UVB.
- Steigerung UVA 0,5 J/cm^2 und UVB 0,01 J/cm^2 bei jeder Sitzung.

Therapieschema: 5 ×/Wo. über 4–6 Wo.
Bei fehlendem Hardening-Effekt: Ggf. syst. PUVA-Ther., Beginn mit 20% der MPD, Steigerung jede 3. Sitzung um 0,1–0,2 J/cm^2.

3.5 Extrakorporale Fotopherese

Extrakorporale UVA-Bestrahlung zuvor lichtsensibilisierter Lymphozyten und Plasmabestandteile. Nur in spezialisierten Zentren verfügbar. Genauer Wirkungsmechanismus bislang nicht vollständig aufgeklärt.
Ind.: Kutanes T-Zell-Lymphom, Pemphigus vulgaris, schweres atopisches Ekzem, Graft-versus-Host-Reaktion, Vermeidung der akuten Abstoßungsreaktion in der Transplantationsmedizin.
Therapieschema: Ther. alle 4 Wo. an 2 aufeinanderfolgenden d über mind. 6 Mon.
Kutanes T-Zell-Lymphom: Zunächst 14tägige Ther.

4 Lasertherapie

Durch Anregung verschiedener Materialien (Festkörper oder Gase) werden monochromatische kohärente Lichtwellen emittiert, die an Zielstrukturen im Gewebe absorbiert werden und diese zerstören (durch thermische Effekte oder Druckwellen).
Die Art der Laserstrahlung (Wellenlänge und Pulsart) bestimmt die Einsatzmöglichkeit des Lasers (☞ Tab. 4.1). Langwellige Laserstrahlen dringen tiefer ins Gewebe ein. Durch Güteschaltung (Q-Switch) oder „superpulse" kann die Impulszeit verkürzt werden, wodurch NW reduziert werden.

Tab. 4.1 Auswahl derzeit verfügbarer Lasertypen

Lasertyp	Wellenlänge	Charakteristik und Indikationen (Auswahl)
Erbium:YAG-Laser (z. B. Dermablate®, Fa. Asclepion-Meditec)	2940 nm	Weit verbreiteter Praxislaser zur Abtragung oberflächlicher HV ohne wesentliche thermische Effekte. Ind.: Aktinische Keratosen, seborrhoische Keratosen, dermale NZN, Verrucae vulgares, Condylomata acuminata, Xanthelasmen, Syringome, Faltenther. (Skin-resurfacing)
CO_2-Laser (z. B. UltraPulse®, Fa. Coherent, Multipulse, Fa. Asclepion-Meditec)	10 600 nm	Ablationslaser mit geringer Eindringtiefe, keine Blutung, da oberflächliches Gewebe sofort verschorft wird, aber thermische Effekte im Randbereich. **Ind.:** Wie Erbium:YAG-Laser
Fd ND:YAG-Laser, (z. B. Versapulse®, Fa. Lumenis)	532 nm	Selektive Zerstörung von Gefäßen ohne thermische Effekte im umgebenden Gewebe. **Ind.:** Naevus flammeus, Hämangiome an Problemstellen, Rubeosis faciei, Spider naevus, Lippenrandangiom

Tab. 4.1 Auswahl derzeit verfügbarer Lasertypen (Forts.)

Lasertyp	Wellenlänge	Charakteristik und Indikationen (Auswahl)
Ruby-Laser (z. B. Ruby-Star®, Fa. Asclepion-Meditec)	694 nm	**Ind.:** • Im Q-switch: Zerstörung von Pigment (Lentigines, dunkle Tätowierungen) • Langgepulst: Enthaarungsbehandlung (nur dunkle Haare), vor und nach Ther. gute Kühlung des Behandlungsareals
QS-Alexandrit-Laser	755 nm	**Ind.:** Behandlung von melaninpigmentierten Veränderungen; Entfernung von blauschwarzen, blauen, grünen und gelblichen Pigmentierungen (z. B. vielfarbige Tattoos)
Diodenlaser (z. B. Mediostar®, Fa. Asclepion)	810 nm	Enthaarungsbehandlung

4.1 Therapieprinzip

- Die Laserther. erfordert Erfahrung mit der Technik, um Effekte richtig abschätzen zu können; vor Aufnahme der Ther. ggf. an Schulungsmaßnahmen teilnehmen oder bei lasererfahrenem Kollegen hospitieren.
- § 6 der Unfallverhütungsvorschrift „Laserstrahlung" (VBG 93) muss eingehalten werden.
- Nur bei klinischer Sicherheit lasern, wenn keine Histologie erforderlich ist (z. B. keine Laserung klinisch suspekter NZN).
- Immer schriftliche Aufklärung des Pat.
- Laserschutzbrille tragen (Pat., Behandler und Hilfspersonal), Schutzbrille muss auf die Wellenlänge abgestimmt sein (für verschiedene Laser → verschiedene Brillen!).
- Vor größerflächiger Ther. immer Probelaserung durchführen, damit Verträglichkeit und Therapieeffekt zur exakten Einstellung des Gerätes bewertet werden können.

- Nach Laserung Pat. aufklären, dass ggf. entstehende Krusten nicht abgelöst oder übermäßig eingefettet werden dürfen.
- Nach Laserther. konsequenter Lichtschutz über mehrere Wo., z.B. Anwendung von Lichtschutzpräp. (z.B. Daylong® 50 extreme) nach Abfallen ggf. entstandener Krusten (ansonsten Hyperpigmentierung möglich).
- Bei Entstehung von Dämpfen für suffiziente Absaugung sorgen (Infektionsrisiken für Behandler und Hilfspersonal).
- Je nach Schmerzintensität und Empfindlichkeit des Pat. Anästhesie wählen (Emla® Creme, LA, Intubationsnarkose).

4.2 Mögliche Nebenwirkungen

Mögliche NW richten sich nach Lasertyp, Ausmaß der Behandlung, korrekter Nachbehandlung, suffizienten Lichtschutzmaßnahmen:

- Rötungen (treten regelmäßig, aber vorübergehend auf).
- Hyperpigmentierungen (entweder postinflammatorisch oder nach UV-Exposition).
- Hypopigmentierungen (z.B. bei CO_2-Laser und Ruby-Laser möglich).
- Narbenbildung (zu flächig, zu tief, zu stark an einer Stelle, „Abknibbeln" der Krusten).

5 Kosmetische Verfahren

5.1 Chemical Peeling

Oberflächliche chemische Ablation der Haut durch Anwendung ätzend wirkender Stoffe. Je ätzender die eingesetzte Substanz, desto tiefer (intensiver) das Peeling und desto höher das Nebenwirkungsrisiko.

Ind.: Aktinische Keratosen, Lentigines, oberflächliche Fältchen, flache Aknenarben, Hyperpigmentierungen (z.B. Chloasma).

Vorbehandlungsphase: Die Haut muss vor Durchführung des Peelings an die Fruchtsäuren gewöhnt werden → Verwendung gepufferter α-Hydroxysäuren (z.B. NeoStrata® Gel/Creme/Lotio/Lsg. 8–15%) 2 ×/d über 2 Wo.

5.1.1 Oberflächliches Peeling

Nur epidermale Wirkung.

Durchführung:

Reinigung der Haut (z.B.) mit Ethanol 70%.

- Tiefe Falten mit Vaseline abdecken (ansonsten Gefahr der Verätzung).
- α-Hydroxysäure (z.B. NeoStrata® 20–35%ige Lsg.) im Uhrzeigersinn mit Pinsel auftragen und warten, bis leichtes Erythem auftritt oder Pat. leichtes Brennen angibt, dann Neutralisation mit 1%iger Natriumbikarbonatlsg.
- Anschließend Kühlung mit feuchten Handtüchern.
- Nachbehandlung mit Feuchtigkeitslotiones (z.B. Bepanthol® Lotio) für 5 d, danach wieder gepufferte α-Hydroxysäuren (wie Vorbehandlungsphase).
- Lichtschutz (z.B. Daylong® 50 extreme).
- Wiederholung der Behandlung nach 1–4 Wo.; Gesamtbehandlungen 4–8 Peelings.

5.1.2 Mittleres Peeling

Wirkung auch bei Aknenärbchen, feinen Fältchen.

Durchführung:

- Ablauf wie oberflächliches Peeling, jedoch Verwendung von α-Hydroxysäuren 50–70% oder Trichloressigsäure 35%.
- Behandlung nur durch den Arzt!

5.1.3 Tiefes Peeling

Wirkung auch auf das Korium, Fältchen, Lentigines.
Durchführung:

- Ablauf wie oberflächliches Peeling, jedoch Verwendung von TCA 50%.
- Behandlung nur durch den Arzt.

5.2 Implantationen

Einbringung von Materialien zur Unterfütterung von Falten.
Durchführung: Einspritzung von Kollagen (z.B. Cosmo-Derm®), Hyaluronsäure (z.B. Restylane®) oder Polymilchsäure (z.B. Sculptra®) unter kleine Fältchen in das Stratum papillare.
NW: Kleine Blutungen an den Injektionsstellen, ggf. kleine Hämatome (kurzzeitig)
KI: Kollagenallergie, Schwangerschaft, Autoimmunerkr.
Nachteil: Eingebrachte Substanzen werden binnen ½ J. abgebaut. Effekt von Polymilchsäure kann bis zu 1½ J. anhalten. Dann muss Vorgang bei Wunsch des Pat. wiederholt werden.

5.3 Faltentherapie durch Muskellähmung

Manche Falten (z.B. Zornesfalten, Stirnfalten) sind maßgeblich von einer überstarken Muskelspannung (z.B. M. pronator teres, M. corrugator supercilii) ausgelöst. Durch Lähmung des Muskels kann die Faltenbildung temporär aufgehoben werden.
Genaue schriftliche Aufklärung und schriftliche Einverständniserklärung des Pat. erforderlich.

Ther. erfordert Erfahrung und sollte nicht ohne Schulung oder Hospitation bei erfahrenem Behandler durchgeführt werden.

Durchführung: Einspritzung von Botulinumtoxin (z.B. Vistabel®, Dysport®) an die Basis entsprechender Muskeln. Dosierung richtet sich nach verwendetem Präp. und Injektionsort (genauen Dosierungsplan vor Ther. anlegen.).
NW: Über das Behandlungsareal hinausreichende Lähmungen (z.B. M. levator palpebrae mit Auslösung einer Ptosis).
KI: Verschiedene neurologische Erkr. (Patienteninformation beachten), Ther. im Mund- und Halsbereich, nur durch sehr erfahrene Anwender.

5.4 Camouflage

Farbliche Überdeckung von störenden Hautveränderungen.
Ind. (Auswahl): Naevus flammeus, Hämangiome, Teleangiektasien, Rosacea, Akne, Kaposi-Sarkome, Chloasma, Lentigines, Epheliden, Naevi, Tätowierungen, Vitiligo, Narben, DLE, Xanthelasmen.
Durchführung: Verschiedene Techniken je nach Ind. und Ausdehnung möglich. Gutes Ergebnis erfordert Schulung durch erfahrene Kosmetikerin und Übung.
Geeignete Präparate:

- Dermacolor® face and body/classic (verschiedene Farbtöne), Dermacolor® Fixierpuder, Dermacolor® Removing-Crème.
- Tolériane® abdeckende Creme (3 Farbtöne, kein Abdeckpuder erforderlich).
- Excipial® Pigmentcreme (hell/dunkel): Einfache Camouflage, v.a. bei Akne gut geeignet.

5.5 Epilation

Temporäre oder dauerhafte Haarentfernung (☞ Tab. 5.1).

Tab. 5.1 Methoden zur Haarentfernung

Methode	Technik	Temporär	Dauerhaft	Vor-/Nachteil (V/N)
Rasur	Nass- oder Trockenrasur	+	–	N: Kurze Wirkung, Follikulitiden
Zupfen	Ausreißen der Haare mit armierter Pinzette	+	(–)	N: Schmerzhaft, Follikulitiden, kleines Areal V: Lang anhaltende Wirkung
Wachsepilation	Aufbringen von Kaltwachsen und Herausziehen der Haare, z. B. mit Klebestreifen	+	(–)	V: Größere Areale können epiliert werden (z. B. Beine), längere Nachwachszeit N: Schmerzhaft, Follikulitiden
Enthaarungsmittel	Auflösung der äußeren Haare durch chemische Substanzen Thioglykolsäure, z. B. Pilca med	+	–	V: Schmerzlos, etwas gründlicher als Rasur N: Hautirritation und Kontaktekzem möglich
Elektrolyse	Kleine Nadel wird in den Haarfollikel eingebracht, anschließend wird Wechselstrom über die Nadel appliziert	–	+	N: Schmerzhaft, länger anhaltende Follikulitiden und periostiale Rötungen möglich, mehrere Sitzungen
Laser	Anwendung z. B. von Ruby-, Dioden oder Alexandrit-Laser	–	+	V: Epilationsraten ca. 75%, v. a. dunkle Haare N: Rötungen und Lichtempfindlichkeit des behandelten Areals für mehrere Wo., mehrere Sitzungen

Tab. 5.1 Methoden zur Haarentfernung (Forts.)

Methode	Technik	Temporär	Dauerhaft	Vor-/Nachteil (V/N)
Eflornithin (Vaniqa 11,5% Creme)	2 x/d auftragen, wenn nach 8 Wo. keine Reaktion, Ther. beenden	+	–	**V:** Epilationsrate ca. 60%, auch graue und weiße Haare **N:** Akne, Brennen, Pruritus

Teil II

Notfälle

6 Therapie dermatologischer Notfälle

6.1 Anaphylaktischer Schock

Steckbrief

Meist rapide eintretende Systemreaktion, entweder als Maximalvariante einer Typ-I-Allergie oder als pseudoallergische Reaktion (anaphylaktoide Reaktion). Je nach Schwere stadiengerechte Ther. erforderlich. Klinische Symptomatik kann von zunehmender Unruhe bis zum sofortigen, lebensbedrohlichen Schock reichen (☞ Tab. 6.1). Erstsymptome können sein: Hitzegefühl, Pruritus palmoplantar, Bauchschmerzen, Schwindel!
Syn.: Anaphylaxie.

Tab. 6.1 Stadien anaphylaktischer und anaphylaktoider Reaktionen

Stadium	Klinik
0	Lokal begrenzte Hautreaktion
I	Leichte Allgemeinreaktion mit disseminierten Hautreaktionen (Flush, Urtikaria, Pruritus, Konjunktivitis, Rhinitis), Kopfschmerz, Unruhe
II	Kreislaufdysregulation mit Puls- und RR-Veränderung, leichte Dyspnoe, Stuhl- und Urindrang, Heiserkeit, Nausea
III	Schock: Schwere Dyspnoe und/oder RR ↓↓, Blässe, Bronchospasmus, Bewusstseineintrübung, ggf. Stuhl- und Urinabgang
IV	Organversagen mit Atem- und Kreislaufstillstand, Erbrechen, Defäkation

Häufige Auslöser

- **Typ-I-Allergie:** Hymenopterengifte (Wespen-, Bienengift, z.B. Stich oder im Rahmen einer Hyposensibilisierung (SCIT), Antibiotika (z.B. Penicilline), Lokalanästhetika, Proteine, Organextrakte, Latex, Allergenextrakte für Diagnostik und Ther., z.B. Prick-Test, SCIT.
- **Pseudoallergie:** Medikamente (z.B. ASS), Nahrungsmittelzusätze (Farb- und Konservierungsstoffe), Plasmaexpander, Rö.-Kontrastmittel u.a.

Therapieprinzip

Die Abschätzung des Verlaufes einer anaphylaktischen/anaphylaktoiden Reaktion erfordert viel Erfahrung. Verspäteter Einsatz erforderlicher Maßnahmen kann lebensbedrohlich sein, überzogene Maßnahmen bei schließlich „mildem" Verlauf sind meist ungefährlich und zu rechtfertigen.

> ! Bei schwerem Verlauf in der Praxis Notfallmediziner hinzuziehen. Eine mobil verfügbare Notfallausrüstung gemäß DIN 13232 gehört zur Praxisausstattung.

Therapie

Akuttherapie (☞ Tab. 6.2)

Allgemeine Maßnahmen:

- Allergenzufuhr sofort unterbrechen, falls möglich.
- Sehr leichte Symptome: 20 Tr. Levocetirizin (Xusal®-Tr.), 1 EL Celestamin® N liquidum (erst im Mund spülen, dann herunterschlucken).
- Großlumigen Zugang legen (mind. grüne Braunüle, max. Fluss 80 ml/Min.).
- Pat. flach und Beine leicht hoch lagern.
- Volumenzufuhr (z.B. 0,9% NaCl-Lsg.), HAES® 200 6% 1,5–2 l, O_2-Zufuhr 4–6 l/Min. über Atemmaske.
- Monitoring: EKG, Pulsoxymetrie, RR, Atmung.

Tab. 6.2 Stufentherapie des anaphylaktischen Schocks

Stadium	Basistherapie		
	Kutan	**Bronchial zusätzlich**	**Kardiovaskulär zusätzlich**
I Hautreaktionen Rhinitis, Konjunktivitis, Unruhe, Kopfschmerzen	• Solu-Decortin® H 50–150 mg i.v. (Bolus) • Tavegil® 2 Amp. (+ Tagamet®/ Zantic® 2 Amp.) in 250 ml 0,9% NaCl-Lsg. rasch i.v.		
II Druck-/Pulsänderung leichte Dyspnoe, Stuhl-/ Harndrang	• Solu-Decortin® H 250–500 mg i.v. (Bolus) • Tavegil® wie I	• Sauerstoff • Primatene® Mist 2–4 Hübe alle 10 Min.	• Sauerstoff • Suprarenin® (=1 : 10 000) 1 ml/Min. (cave Tachykardie) notfalls auch s.c., i.m., sublingual
III Schwere Hypotonie, Blässe, Bewusstseinseintrübung, schwere Dyspnoe, Stuhl- u. Harnabgang	• Solu-Decortin® H 500–1000 mg i.v. (Bolus) • Tavegil® wie I	• Sauerstoff • Primatene® Mist • Bricanyl® 4–8 µg/ kg KG	• Suprarenin® (=1 : 10 000) 1 ml/Min. (cave Tachykardie) notfalls auch s.c., i.m., sublingual • 1,5–2 l HAES® 200 6% weiter mit 0,9% NaCl-Lsg. Wenn kein Effekt: Dopamin 2,5–5 mg/70kg KG/ Min. oder Arterenol® 0,05–0,1 mg i.v. bis 1 mg/Min.

Tab. 6.2 Stufentherapie des anaphylaktischen Schocks (Forts.)

Stadium	Basistherapie		
	Kutan	Bronchial zusätzlich	Kardiovaskulär zusätzlich
IV Herz-Kreis-laufstillstand			• Wie Stadium III • Kardiopulmonale Reanimation: 30 Thoraxkompressionen gefolgt von 2 Beatmungen, Wdh. über 20 min., Defibrillator bei Rhythmusstörungen mit EKG-Kontrolle

Weiterführende Maßnahmen

- Antihistaminika, z.B. Clemastin (Tavegil®) 2–4 mg i.v.
- Glukokortikosteroide, z.B. Prednisolon (z.B. Solu-Decortin® H) 250–1000 mg i.v.

Bei Bronchospastik: Bei leichter Symptomatik inhalatives β-Sympathomimetikum (z.B. Salbutamol) bei ausgeprägter Symptomatik β_2-Adrenorezeptoragonist Terbutalin (Bricanyl®)s.c.

Bei schwerer Dyspnoe/Atemstillstand: Intubation, alternativ Larynxtubus® und künstliche Beatmung.

Bei Larynxödem: Koniotomie.

Maßnahmen nach durchlaufener Schockreaktion

- Allergenkarenz (soweit möglich) sicherstellen.
- Pat. mit Allergiepass ausstatten, der ständig mitgeführt werden soll.
- Pat. mit erforderlichem Notfallset ausstatten und über genauen Umgang aufklären (schulen):
  - Antihistaminika, z.B. Xusal® Tr.
  - Glukokortikosteroid, z.B. Celestamine® N liquidum.
  - Adrenalin-Injektionsset, z.B. Fastject®/Anapen 150 (Kdr.)/300 µg (Erw.).

- Bienen- und Wespengiftallergie: Rush-Hyposensibilisierung unter stat. Bedingungen einleiten, ambulante Fortführung.

6.2 Verbrennungen

Steckbrief

Hautverletzung durch Einwirkung von thermischer Energie (☞ Tab. 6.3).
Aus einer örtlichen Verbrennung kann sich bei entsprechender Ausdehnung eine Verbrennungskrankheit entwickeln. Festlegung der Verbrennungsausdehnung gemäß Neunerregel nach Wallace (Kopf und Arm entsprechen je 9%, jede untere Extremität 18%, Vorder- und Rückseite des Rumpfes je 18%, Genitale 1%), bei Kindern andere Proportionen!

Tab. 6.3 Gradeinteilung der Verbrennungstiefe

Grad	Symptome
I	Rötung, Schwellung, Schmerz
IIa	Rötung, Schwellung, Schmerz, Blasenbildung, Nekrose der Epidermis, intakte Blasenbildung (rötlicher Wundgrund)
IIb	Blasse Haut, Schmerzen, Blasen, weißlicher Wundgrund (Narbenbildung)
III	Graufleckige bis weiße Haut, vollständige Nekrose, keine Schmerzauslösung, Haut zerstört

Therapieprinzip

Ambulant: Bei Verbrennungen < 10% der KOF von Grad I–II.
Stationär: Bei Verbrennungen > 10% der KOF und bei tiefer Verbrennung Grad IIa, bei Kindern, alten Menschen, chron. kranken Pat., Verbrennungen von Händen, Füßen, Genital- und Analregion, Hals sowie über Gelenke hinwegziehend.

Therapie

Verbrennung < 10%, Grad I

Kühlen, örtliche Steroide (z.B. Advantan® Milch).

Verbrennungen > 10%, Grad II und III

- Kühlung mit fließend kaltem Wasser.
- Abdeckung mit Metalline®-Folie.
- I.v.-Zugang legen.
- Flüssigkeitsbilanzierung und Schockprophylaxe beginnen.
- Thromboseprophylaxe (Heparin 500 IE/h über Perfusor).
- Tetanusprophylaxe (Tetagam® N i.m., Tetanol® pur i.m., gleichzeitig an kontralateralen Körperstellen).

Zentraler Bettennachweis in Hamburg:
Tel.: 0 40/2 88 23 99-8/-9

6.3 Erfrierung

Steckbrief

Hautverletzung durch Einwirkung von Kälte (☞ Tab. 6.4).

Therapie

- Zentrale Erwärmung mit zuckerhaltigem Getränk.
- Örtliche Wärmeanwendung als passive Wiedererwärmung (warmer Raum, Wolldecken).
- Schmerzadaptiertes Aufwärmen in einem Vollbad: Wasser so warm, dass es in Anbetracht der Schmerzen noch erträglich ist.
- Stationär: Iloprost (Ilomedin®) 0,5 ng/kg KG/Min. über Perfusor für 3 d, dann 0,2 ng/kg KG/Min. für weitere 2–6 d; Vollheparinisierung, ASS 100 mg, HKT bis auf 35,5 senken in den Stadien III und IV.
- Abtragung von Nekrosen und antiseptische Lokalther. (z.B. Braunovidon® Salbenverbände).

Tab. 6.4 Erfrierung – Gradeinteilung

Grad	Symptome
I	Gefäßkrampf, Haut bläulich-weiß-marmoriert, völlige Heilung möglich
II	Erhöhte Gefäßpermeabilität, Blasenbildung, Rötung, Schwellung, Schmerz; Haut ist tiefrot bis violett und kalt
III	Gangrän, Hautblutung, die in bläulich-schwarze Nekrose übergeht
IV	Totalvereisung, v.a. an Zehen, Fingern, Ohren

- Tetanusprophylaxe (Tetagam® N i.m., Tetanol® pur i.m., gleichzeitig an kontralateralen Körperstellen) und Antibiotikaprophylaxe.
- **KO:** Thrombose, Crush-Niere.
- Grad II und höher stationäre Behandlung.

6.4 Toxische epidermale Nekrolyse

Steckbrief

Lebensbedrohliche flächige Ablösung der Epidermis, oft medikamentös ausgelöst (z.B. Antibiotika, NSAID). Zunächst flächige, konfluierende Erythemherde, die anschließend zu einer blasigen Abhebung der Epidermis führen. Oft Schleimhautbeteiligung.
Syn.: Medikamentöses Lyell-Sy., TEN.

Therapie

Allgemeine Maßnahmen:
- Behandlung analog zu einer großflächigen Verbrennung Grad II (Isolierbett und Schleuse einrichten, Raumtemperatur anheben, Maßnahmen zur Vermeidung von Keimübertragung).
- Bei ausgedehnten Veränderungen Ther. in spezialisiertem Verbrennungszentrum.

- Hautbiopsie z.A. eines SSSS (Spaltbildung bei SSSS in der Epidermis).
- Absetzen aller nicht erforderlichen Medikamente.
- Lagerung des Pat. auf Metalline®-Folie in Spezialbett (z.B. Clinitron®-Bett).
- E'lyt-Kontrolle und Flüssigkeitsbilanzierung.
- Thromboseprophylaxe, z.B. Mono-Embolex® NM Fertigspritze.

Äußerliche Therapie:
- Abgestoßene Hautpartien abtragen.
- Erosive HV mit antibiotikahaltiger Kompresse abdecken (Urgotül S.Ag).
- Noch epithelisierte Haut und Genitale mit Tüll-Gaze (z.B. Oleo Tüll®) abdecken oder mit Bepanthen® Creme eincremen.
- Augen mit antibiotischer Augensalbe abdecken (z.B. Refobacin® Augensalbe).

Interne Therapie:
- Prednisolon 250–1000 mg/d i.v. (z.B. Solu-Decortin® H), über 2–3 d, dann ausschleichende Dosierung.
- Flüssigkeitszufuhr (z.B. NaCl-Lsg. 0,9% oder Ringer-Lactat).
- Bei Superinf. Erythromycin 4 × 500 mg/d i.v. (z.B. Erythrocin®) oder Ciprofloxacin 2 × 200 mg i.v. (z.B. Ciprobay®als Infusionslsg.).

6.5 Verschluss einer Extremitätenarterie

Steckbrief

Zumeist durch embolisches Material hervorgerufener Arterienverschluss. Typische klinische Symptomatik (6P-Regel: pain, paleness, pulselessness, paresthesia, paralysis, prostration). Stets stationäre Behandlung!

Notfälle

Therapie

- Bei kompletter Ischämie Op-Indikation, bei inkompletter Ischämie Ind. zur Fibrinolyse gegeben.
- Tieflagerung der betroffenen Extremität, Abpolsterung der Ferse zur Dekubitusprophylaxe.
- Sofortige Heparingabe: 5000–10 000 IE Heparin i.v.
- Schmerztherapie, z. B. 7,5–15 mg Piritramid i.v. (z. B. Dipidolor®).

> ! Prognose: Wenn binnen 6 h bei kompletter Ischämie keine adäquate Ther. erfolgt, treten irreversible Schäden (Gangrän) auf.

6.6 Periphere arterielle Thrombose

Steckbrief

Thrombose in arteriosklerotisch, aneurysmatisch oder traumatisch veränderten Gefäßen. Meist akuter Schmerz nach vorausgegangener Claudicatio intermittens.

Therapie

- Bei unvollständiger Ischämie konservativ.
- Vollheparinisierung, ggf. Fibrinolyse.
- Intraarterielle Katheterlyse.
- Rheologie verbessern (z. B. HAES® 200 6% 500 ml/d i.v.).

> ! Bei kompletter Ischämie: Ind. zur sofortigen Op.

6.7 Weitere dermatologische Notfälle (☞ Tab. 6.5)

Tab. 6.5 Weitere dermatologische Notfälle

Dermatologischer Notfall	Kapitel
Staphylococcal scalded skin syndrome (SSSS)	☞ Kap. 7.2.4
Erythema (exsudativum) multiforme	☞ Kap. 13.7
Angioödem	☞ Kap. 13.6
Spontane Urtikaria	☞ Kap. 13.5.1
Vasculitis allergica	☞ Kap. 22.5.1
Nekrotisierende Fasciitis	☞ Kap. 7.2.8
Verätzung	☞ Kap. 9.2.1

Teil III

Erkrankungen

7 Erregerbedingte Hauterkrankungen

7.1 Virenbedingte Hauterkrankungen

7.1.1 Erkrankungen durch humane Papillomviren

Steckbrief

Durch humane Papillomviren ausgelöste häufig selbstlimitierte (gilt nicht für Transplantatempfänger!) warzenartige Epithelwucherungen, v.a. an Händen und Füßen, häufig im Kindesalter. Inf. wird durch prädisponierende Faktoren (Feuchtigkeit, Durchblutungsstörung, Abwehrschwäche) begünstigt.

Wichtigste Erkr.: Verrucae vulgares, Verrucae planae juveniles, Condylomata acuminata ☞ 7.3.1.

Therapieprinzip

Meiden von Feuchtigkeit (gutes Abtrocknen der Hände und Füße, leichtes Schuhwerk, Badesandalen in Schwimmbädern und Saunen tragen, Meiden eines kalt-feuchten Milieus, Rauchverbot, stärkende Maßnahmen wie wechselwarmes Duschen).

Therapie

Verrucae vulgares:

- Auflösung mit salizylsäurehaltigem Pflaster (z.B. Guttaplast®). Pflaster muss punktgenau auf die Warze geklebt, z.B. mit Omnitape fixiert werden und nach 1–2 d entfernt werden. Danach vorsichtige Ablösung des aufgelösten Hornmaterials. Wiederholung der Behandlung bis zur Heilung. Zusätzlich wIRA® –Bestrahlung über 20 Min. in wöchentlichem Abstand über 6 Wo.
- Alternativ: Bepinselung der Warzen mit salizylsäurehaltiger 5-FU-Lsg. (z.B. Verrumal®). 2 ×/d über ca. 6 Wo. Gesunde Haut abdecken (z.B. mit Vaseline).

- Alternativ: Kryochirurgische Abtragung der Warzen. Kurzes Anfrieren der Warzen. Am Folgetag Ablösung der entstandenen Blase.
- Stark verdickte Warzen bei Erw.: Verätzung mit Salpetersäure (Solco-Derman®) 1 ×/Wo. durch geschultes Personal (Verätzungen möglich!).
- Wenn auflösende Therapien unwirksam sind: Kürettage der Warzen in LA oder, bei ausgedehnten Herden an Händen und Füßen, in Vollnarkose.

TIPP Bei kindlichen Warzen zunächst zurückhaltende, vorsichtige Therapie, da hohe Spontanheilung besteht. Therapieversuch mit Thuja occidentalis D 6 oral, 3 × 15 Tr./d und/oder lokal sowie Suggestivther. (Scheinbestrahlung).

Verrucae planae juveniles: Sehr flache Warzen nicht nur bei Jugendlichen an Unterarmen, Handrücken und im Gesicht.
- Therapieversuch mit Vit.-A-Säure-Derivaten (z. B. Airol® Creme, Isotrex® Gel) 1 ×/d oder Imiquimod (Aldara®) Creme 5 ×/Wo. bis zur Heilung (Off-label use).
- Bei sehr ausgedehntem Befund: Versuch sehr oberflächlicher Abtragung mit Ringmesser (Curette Stiefel®) oder mit Erbium: YAG-Laser.

7.1.2 Erkrankungen durch das Herpes-simplex-Virus

Steckbrief

Man unterscheidet die Primär- und die Sekundärinf. (endogene Reinf.). Triggerung eines EEM!

Primärinf.: Gingivostomatitis herpetica: Meist leichte, oft unbemerkte Inf. im Kleinkindalter; bei schwerem Verlauf Kopfschmerz, Abgeschlagenheit, Bläschen im Mundraum und fötider Geruch.

Sekundärinf.: Herpes simplex, Herpes simplex recidivans in loco.

Ekzema herpeticatum: Ausgedehnte Herpes-Inf. bei atopischer Dermatitis mit Allgemeinsymptomen und hohem Fieber.

Therapieprinzip

Bei leichten bis mäßig starken Verläufen ist Lokalther. ausreichend.
Systemther. bei Ekzema herpeticatum und schweren Verläufen mit ausgeprägten Allgemeinsymptomen indiziert.

Therapie

Externe Therapie:
Ind.: Primärinf.: Gingivostomatitis herpetica. Sekundärinf.: Herpes simplex, Herpes simplex recidivans in loco:
- **Mundschleimhautbefall:** Mundspülungen (z.B. Kamillosan®) mehrmals täglich.
- **Genitalbefall:** Sitzbäder mit Tannolact®.
- **Hautbefall:** Bläschen mit Clioquinol 2% in Lotio Cordes® dünn betupfen, morgens mit Olivenöl leicht ablösen.

> **! TIPP** Antivirale Externa (z.B. Zovirax® Creme, Triapten®) nur in der Frühphase sinnvoll, bei bestehenden Bläschen sinnlos. Bei starkem Fieber Paracetamol Saft (z.B. ben-u-ron® Saft 50 mg/kg KG/d).

Interne Therapie
- **Gingivostomatitis herpetica:** Bei schwersten Verläufen: Aciclovir (Zovirax®) 5 mg/kg KG 3 ×/d i.v. über 5 d (stat. Aufnahme!).
- **Ekzema herpeticatum:** Immer stat. Aufnahme und Systemther. mit Aciclovir (Zovirax®) 5 mg/kg KG 3 ×/d i.v. über 5 d, Antipyretika (z.B. Benuron® Tbl. bis 4 × 1000 mg). Bei bakt. Superinf. (Pustelbildung, Pyodermisierung) Cephalosporin (z.B. Claforan® 2 × 1 g/d), nach Antibiogramm ggf. umsetzen.
- **Ausgedehnter Herpes simplex:** Bei schwersten Verläufen mit Aciclovir 5 × 800 mg/d p.o. (z.B. Zovirax® Tbl.), ambulante Ther. möglich.

TIPP Bei > 6 Rez./J. kann Dauerther. mit Aciclovir Tbl. versucht werden: Herpes labialis recidivans 1 × 200 mg/d und Herpes genitalis recidivans 2 × 200 mg/d, Auslassversuch nach 6 Mon. Für diese Therapieform besteht keine Zulassung!

7.1.3 Infektionen durch das Varicella-Zoster-Virus

Steckbrief

Varizellen: Hochinfektiöse Kinderkrankheit. Typisch Mund- und Kopfhautbefall und Ausbildung verschiedener Effloreszenzen nebeneinander (sog. Heubner-Sternenhimmel). Bei Erwachsenen meist schwererer Verlauf.
Herpes zoster: Reaktivierte, meist im Ausbreitungssegment eines Nerven lokalisierte Erkr. Meist bei Immunsuppression (ältere Menschen, Stress, HIV-Inf., zytostatische Ther.).

Therapieprinzip

Bei Varizellen körperliche Ruhe, antipruriginöse Ther. und Lokalther. meist ausreichend. Nur bei schwersten Verläufen z.B. bei Immunsuppression (eher im Erwachsenenalter) Systemther. Bei Herpes zoster Systemther., wenn Pat. > 50 Jahre (Faustregel!).
Prophylaktische Impfung gegen Zoster möglich: Zostavax® (Lebendimpfstoff) 1 × s.c. bei Pat. > 60 J., Reduktion der Zosterinzidenz um 50% sowie der postherpetischen Neuralgien um ⅔.

Therapie

Externe Therapie: Wie Herpes simplex-Inf. ☞ 7.1.2.

TIPP An antipruriginöse Systemther. denken (z.B. Xusal® Saft), da aufgekratzte Läsionen Narben hinterlassen können. Kleinkindern Fäustlinge anziehen!

Interne Therapie: Bei Herpes zoster oder Varizellen bei Immunsuppression indiziert!

- **Ambulante Ther.:** 5 × 800 mg Aciclovir (z.B. Virzin® Tbl.) über 7 d oder 1 × 125 mg Brivudin (Zostex®) über 7 d (Beachte bei 5-FU oder seinen Prodrugs einen Mindestabstand von 4 Wo.). Bei sehr ausgedehntem Befund stat. Einweisung und syst. Ther. mit Aciclovir (Zovirax®) 3 × 5 mg/kg KG/d über 5 d.
- **Immunsupprimierte Pat.:** Aciclovir (Zovirax®) 3 × 10–30 mg/d i.v. Bei Nichtansprechen: Foscarnet-Natrium (Foscavir®) 3 × 40 mg/kg KG/d i.v. über 10 d.

Stillende Mütter mit Zoster (auch unter Aciclovir-Ther.) dürfen ihr Kind weiter stillen. Kontakt mit den HV meiden. Gleiches gilt für Mütter, die postpartal an Varizellen erkranken.

Therapie postzosterischer Neuralgien (PZN): PZN sind neuropathische Schmerzen, bei denen es sich um einschießende Schmerzen und Allodynien handelt, die **umgehend** intensiv mit einer individuell festzulegenden Medikamentendosis behandelt werden müssen. Über die Wirkungslosigkeit einer Ther. sollte erst nach 2–4 Wo. ausreichender Medikation entschieden werden. Nichtopioid-Analgetika (NSAID, Paracetamol, Metamizol) sind nur ungenügend wirksam.

- **Antidepressiva:**
  - Amitriptylin (z.B. Saroten®): vor Ther.-Beginn stets EKG!
  - Startdosis (mg/d): 10–25 (0-0-1), alle 4 d um 10–25 erhöhen bis zu einer Max.-Dosis von 50–75 (**keine** antidepressive Wirkung!). NW: AV-Block, Glaukom, Miktionsstörung, Hypotension
- **Antiepileptika:**
  - Gabapentin (Neurontin®).
  - Startdosis (mg/d): 300–900 (0-0-1), tgl. um 300 erhöhen bis zu einer Max.-Dosis von 1200–2400. NW: wenige, kaum Arzneimittelinteraktionen.
  - Pregabalin (Lyrica®): Startdosis (mg/d): 75–150 (1-0-1), alle 7 d um 25 erhöhen bis zu einer Max.-Dosis von

150–300. NW: wenige, kaum Arzneimittelinteraktionen.

- **Opioid-Analgetika:**
  - Tramadol ret.: Startdosis (mg/d): 100–200 (1-0-1), Titration bis zu einer Max.-Dosis von 400. NW: Übelkeit, Hypotension.
  - Morphin ret.: Startdosis (mg/d): 10–30 (1-0-1), Titration **ohne** Max.-Dosis. NW: Obstipation.
  - Oxycodon (Oxygesic®): Startdosis (mg/d): 5–20 (1-0-0), Titration **ohne** Max.-Dosis. NW: gastrointestinale Störungen.
- Antidepressivum, Antiepileptikum und Opioid-Analgetikum können – falls erforderlich – kombiniert werden.
- **Topika** (Add-on-Therapie) mit guter Wirkung auf Allodynie: Capsaicin (Jucurba Capsicum Schmerzemulsion, Thermo Bürger® Salbe: Dosierung: 4 ×/d über 4–6 Wo. NW: Brennen. Tipp: vorher Auftragen eines Lokalanästhetikums z. B. Lidesthesin®-Salbe 5%.

7.1.4 Pockenvirus-Infektionen

Steckbrief

Mollusca contagiosa (Syn.: Dellwarzen): Häufige Erkr. im Kindesalter mit gruppiert angeordneten Papeln, v. a. bei atopischer Diathese an den Beugen. Hohe Spontanheilungsrate nach unterschiedlicher Zeit.

Melkerknoten: Seltene Erkr. durch Handkontakt mit einem Jungkuheuter, an der Kontaktstelle entstehen derbe bläuliche Papeln, die nach einigen Wo. narbenlos heilen.

Ecthyma contagiosum (Syn.: Orf): Seltene Erkr. durch Ziegen- oder Schafkontakt; an der Kontaktstelle entsteht eine derbe Papel, die nach einigen Wo. narbenlos heilt. EEM-Triggerung möglich!

Melkerknoten und Orf sind klinisch (!) nicht zu unterscheiden.

Therapie

Mollusca contagiosa: Kürettage der Papeln 2 h nach Abkleben mit Emla® Pflaster. Bei sehr ausgedehntem Bef. stat. Aufnahme und Kürettage in Maskennarkose. Anschließend gute rückfettende Lokalther. (z.B. mit Creaderm® Creme), um Penetration der Erreger in rissige Haut zu vermindern. Für **dunkelhäutige** Kdr. Kürettage Ther. der Wahl, keine Kryother. wegen Narbenbildung, keine irritierenden Externa, wie 0,05%ige Tretinoin-Lsg. (Airol® Lsg.) oder 5%ige KOH-Lsg. (InfectoDell®) – die ebenfalls eingesetzt werden – wegen Gefahr der Hyperpigmentierung.

Melkerknoten und Ecthyma contagiosum: Nur antiseptische Lokalther. erforderlich, z.B. mit Clioquinol 2% in Lotio Cordes®, 2 ×/d dünn auf die Papel auftragen. Keine Lokalsteroide, keine Op., allenfalls Kryother. bei sehr großen Knoten.

7.1.5 Masern

Steckbrief

Hochkontagiöse, hochfiebrige Kinderkrankheit mit transitorischer Immunschwäche über ca. 6 Wo.

Mögliche Frühkomplikationen: Masernkrupp, Otitis media, Bronchopneumonie, Masernencephalitis. Meldepflicht. Spätkomplikation: subakute sklerosierende Panencephalitis nach 6–8 J. mit infauster Prognose.

Syn.: Morbilli, Measles.

Therapie

Symptomatisch. Bettruhe in abgedunkeltem Raum, Wadenwickel und Antipyretika (z.B. ben-u-ron®). Lokalther. mit Lotio alba aquosa (dünn mit Pinsel auftragen, abölen mit Oliven- oder Baby-Öl). Mögliche KO bedenken.

7.1.6 Röteln

Steckbrief

Gering kontagiöse Kinderkrankheit mit nur leichten Beschwerden. Röteln in der Schwangerschaft können beim Kind ein Gregg-Sy. auslösen.

Syn: German Measles, Rubeola.

Therapie

Symptomatisch wie Masern ☞ 7.1.5.

7.1.7 Weitere Viruskrankheiten der Haut (☞ Tab. 7.1)

Tab. 7.1 Weitere Viruskrankheiten der Haut

Erkrankung	Therapie	Mögliche Komplikationen
Infektiöse Mononukleose	Körperliche Schonung, Mundspülungen mit Kamillosan®, Antibiotika bei Superinf. (kein Ampicillin/Amoxicillin!), sonst symptomatisch	Arzneimittelexantheme, v.a. bei Ther. mit Ampicillin/Amoxicillin, Gefahr der Milzruptur (sehr selten), deshalb sonografische Kontrolle der Milzgröße
Rubeola scarlatinosa	Symptomatisch wie Masern ☞ 7.1.5	Nicht bekannt
Erythema infectiosum	Symptomatisch wie Masern ☞ 7.1.5	Erythema infectiosum in der Schwangerschaft kann zu Hydrops fetalis führen
Exanthema subitum	Symptomatisch wie Masern ☞ Kap. 7.1.5	Krampfanfälle durch hohes Fieber
Kawasaki-Syndrom	Stat. Einweisung in spezialisierte päd. Klinik; Ther. mit Immunglobulinen und ASS, ggf. Kortikosteroiden	Herzbeteiligung (Aneurysmen der Koronarien, Myokardinfarkt, Hämoperikard, Arrhythmien)
Maul- und Klauenseuche	Lokalther.: Clioquinol 2% in Lotio Cordes®	Bakt. Superinf., selten: Gastroenteritis, Orchitis, Nephritis, Myokardbeteiligung

Tab. 7.1 Weitere Viruskrankheiten der Haut (Forts.)

Erkrankung	Therapie	Mögliche Komplikationen
Hand, foot and mouth disease	Symptomatisch mit milder Mundspül-Lsg. (z. B. Kamillosan®). Antibiotische Ther. bei bakt. Superinf.	Bakt. Superinf.
Herpangina Zahorsky	Symptomatisch mit milder Mundspül-Lsg. (z. B. Kamillosan®). Antibiotische Ther. bei bakt. Superinf.	Bakt. Superinf.
Acrodermatitis papulosa eruptiva	Symptomatisch wie Masern ☞ 7.1.5	
Infantiles akrolokalisiertes papulovesikulöses Sy.	Symptomatisch wie Masern ☞ 7.1.5	

7.1.8 HIV-Infektion

Steckbrief

Durch Retroviren (HIV I und II) übertragenes Immundefektsy. Es tritt eine Schwächung des zellulären Immunsystems auf, die das Auftreten verschiedener Infektionskrankheiten begünstigt. Bei 80% der HIV-Pat. lässt sich eine stattgehabte Syphilis serologisch nachweisen.

Therapie

Hochaktive antiretrovirale Kombinationsther. (HAART): Kombination von 2 nukleosidalen reversen Transkriptase-Inhibitoren (NRTI) mit Proteinaseinhibitor (PI) oder nicht-NRTI. Auf Grund der Komplexität des Krankheitsbildes muss auf die aktuelle Literatur verwiesen werden. NW: Im Gesicht häufig stigmatisierende Lipoatrophie, die durch die Injektion eines temporären Fillers (Hyaluronsäure mit langer HWZ, z. B. Voluma®) ausgeglichen werden kann.

7.1.9 HIV-assoziierte Erkrankungen

Steckbrief

Durch HIV-Inf.-bedingte Schwächung des Immunsystems hervorgerufene Krankheiten, v.a. Infektionskrankheiten. Diese benötigen meist eine stärkere und konsequentere Ther.

Orale Haarleukoplakie: Durch das Epstein-Barr-Virus ausgelöste Hyperkeratose der Zungenränder mit streifigen, weißlichen Belägen, oft Superinf. mit Candida.

HIV-assoziiertes Kaposi-Sarkom: Häufigster Tu bei HIV ☞ 10.18.

Bazilläre Angiomatose: Durch Bartonella henselae oder quintana ausgelöste HIV-assoziierte Inf. Subkutane, zentral ulzerierende schmerzlose Hautknoten, ggf. Osteolysen, Befall von Leber, Milz, Lunge, LK, ZNS.

Therapie

Orale Haarleukoplakie: Vorübergehende Rückbildung unter Aciclovir (z.B. Virzin® Tbl., 2 × 400 mg/d über 5–10 d), Vitamin C topisch. Heilung ist unter HAART zu erreichen.

HIV-assoziiertes Kaposi-Sarkom:

- Immer HAART einleiten.
- Bei Remission unter HAART Verlauf beobachten.
- Progress bei guter Immunität (CD4 > 200/µl): IFN-α 3 × 3–9 Mio. IE.
- Progress bei schlechter Immunität (CD4 < 200/µl): liposomales Doxorubicin (z.B. Caelyx® 20 mg/m² KOF) alle 2 Wo.
- Spätstadium: HAART + liposomales Doxorubicin; bei Versagen i.v. Paclitaxel (Taxol®) 100 mg/m² KOF über 3–4 h alle 2 Wo.

Ultima Ratio: Polychemother. (z.B. ABV-Schema).

Bazilläre Angiomatose: Entfernung der einzelnen Knoten per Exzision, Kürettage oder Elektrodissekation. Zusätzlich immer Systemther. mit Erythromycin 4 × 500 mg/d p.o. oder Doxycyclin 2 × 100 mg/d p.o. für ca. 2 Mon. bei alleinigem Hautbefall, für 4 Mon. bei Knochen-/viszeralem Befall. Im Rezidivfall lebenslange Ther. erforderlich.

7.2 Hauterkrankungen: durch Bakterien

7.2.1 Follikulitis

Steckbrief

Bakt. oder mykot. Haarbalgentzündung mit Pustelbildung.

Therapieprinzip

Allgemeine Hygienemaßnahmen beachten (separate Handtücher, nicht kratzen, Nägel und Haare kurz halten, Rasierer mit 70%igem Isopropylalkohol reinigen etc.). Bei leichterem Bef. ist antibakt. oder antimykot. Lokalther. ausreichend. Nur bei Therapieresistenz oder ausgedehntem Bef. Systemther.

Therapie (☞ Tab. 7.2)

Tab. 7.2 Therapie bei Follikulitiden

Erkrankung	Lokaltherapie	Systemtherapie	Beachten
Ostiofolliculitis Bockhart	Antiseptische Hautreinigung z. B. mit Dermowas®	Nur bei Therapieresistenz nach Antibiogramm.	
Gramnegative Follikulitis	ICHTHYOL®-Na-haltige Externa (z. B. Aknichthol® N Lotio)	Meist Ther. mit Isotretinoin 0,5–1 mg/kg KG/d erforderlich (Aknenormin®) für 3–6 Mon.	Keine Antibiotika einsetzen, da Erkr. meist KO einer antibiotischen Aknether. ist
Folliculitis barbae	Antisept. Lokalther. (z. B. Octenisept)	Nur bei Therapieresistenz nach Antibiogramm	Falls antibiot. Systemther. erfolglos, Versuch mit Isotretinoin 0,5–1 mg/kg KG/d (Aknenormin®)

Tab. 7.2 Therapie bei Follikulitiden (Forts.)

Erkrankung	Lokaltherapie	Systemtherapie	Beachten
Folliculitis sclerotisans nuchae = Acne keloidalis nuchae	Unterspritzung der Narbenareale mit Triamcinolon (z.B. Volon® A 10, Scandicain® 1% 1 : 1 direkt in Narbenplatte injizieren) ca. alle 3 Wo.	Evtl. Doxycyclin 2 × 100 mg/d (paraantibiotischer Effekt!)	Vernarbende Follikulitis nicht-infektiöser Genese; meist bei Dunkelhäutigen
Pityrosporon-Follikulitis	Nizoral®-Creme, Duschen mit clotrimazolhaltigen Externa, z.B. Cloderm® Lsg. 2 ×/Wo.	Nur bei schwerer Immunsuppression indziert z.B. HIV-Inf. (s.o.) Itraconazol Sandoz® 200 mg/d für 7(–14) d	5 Min. Einwirkzeit

Anmerkung: Durch den Zusatz eines Lokalanästhetikums zur Triamcinolon-Kristallsuspension wird die Pharmakokinetik des Steroids deutlich vermindert.

7.2.2 Furunkel/Karbunkel

Steckbrief

Abszedierende Entzündung des Haarbalges und des umgebenden Weichteilgewebes. Meist Mischinf., in 25% Staph. aureus.

Therapieprinzip

Lokalisierter Bef.: Zunächst durch Ichtholan® 50%-Salbenverband zur Einschmelzung bringen und anschließend durch Inzision eröffnen. Syst. Ther. nur bei ausgedehntem Befund

und an besonderen Lokalisationen (z.B. Oberlippe, Finger) erforderlich.

Therapie

Externe und operative Therapie: Ichtholan® 50%-Salbenverband anlegen und Fluktuation abwarten. Dann inzidieren und Eiter drainieren. Abszesshöhle mit Braunovidon®-getränkten Gazestreifen tamponieren, Region ruhigstellen. Bei Lippenabszess Sprechverbot, flüssige/breiige Kost.
Interne Therapie: Dicloxacillin (z.B. InfectoStaph® Kps.) 4–6 × 500 mg (≙ 2 Kps.) p.o. über 10 d. Nach Inzision und bakt. Abstrich weiter nach Antibiogramm.

7.2.3 Panaritium

Steckbrief

Eitrige Entzündung an Fingern oder Zehen. Ggf. Tiefenausdehnung bis zu Knochen und Gelenken, häufig Komplikation einer Paronychie.

Therapieprinzip

Bei beginnenden Prozessen zunächst Lokalther. Bei pochenden Schmerzen kombinierte operative, lokale und syst. Ther.

Therapie

Externe und operative Therapie: Ichtholan® 50%-Salbenverband anlegen und betroffene Gliedmaße ruhigstellen. Bei entstehenden Eiterstippchen diese oberflächlich mit Lanzette eröffnen. Bei ausgedehntem Befund Nagelextraktion in Oberst-Leitungsanästhesie vornehmen und Finger/Zehen in Braunol®-Lsg. baden. Zudem Systemther.
Systemtherapie: Beginn mit Sultamicillin (z.B. Unacid® PD oral) 2 × 2 Tbl./d, weiter nach Antibiogramm.

! Ein Befall der Hohlhand bleibt klinisch lange verborgen. Bei fortschreitender Handschwellung Einweisung in handchirurgische Klinik.

7.2.4 Staphylogenes Lyell-Syndrom

Steckbrief

Toxinbedingte Erkr. im Säuglings- und Kleinkindalter. Toxininduzierte subepidermale Epidermolyse. Erkr. tritt im Anschluss an oft banalen Inf. durch Staph. aureus auf.
Syn.: M. Ritter von Rittershain, SSSS.

! Lebensbedrohliche Erkr.! Sterblichkeit ca. 5%. Stat. Aufnahme, möglichst in Kinderverbrennungszentrum erforderlich.

Therapieprinzip

Lokalther. wie bei ausgedehnter Verbrennung ☞ 6.2. Antibiotische Systemther.

- Sgl./Kleinkinder.: Flucloxacillin (z.B. Staphylex® Trockensaft) 50 (max. 100) mg/kg KG/d verteilt auf 3 ED.
- > 14 J. und Erw.: Flucloxacillin (Staphylex® 500 mg Kps.) 3 × 1 g/d.
- **Bei Penicillinallergie:** Erythromycin (z.B. Erythrocin®) → Erw. und Kdr. > 8 J. 1 g/d, Sgl., Kleinkinder, junge Schulkinder 30–35 mg/kg KG 3–4 ×/d.

! Glukokortikoide sind kontraindiziert!

7.2.5 Impetigo contagiosa

Steckbrief

Hochkontagiöser, oberflächlicher Streptokokkeninf. im Kindesalter mit Ausbildung typischer, honiggelber Krusten, v.a.

im Mund- und Nasenbereich, ggf. auch disseminierte Körperherde. Kein Kindergarten- und Schulbesuch.

Therapieprinzip

Einhalten strikter Hygienemaßnahmen (eigenes Handtuch, häufiger Handtuchwechsel, häufiger Garderobe- und Bettwäschewechsel, kurze Fingernägel).

Therapie

Externe Therapie: Mupirocin-Salbe (InfectoPyoderm®) 1–3 × tgl. für max. 10 d.
Interne Therapie: Bei großflächigen Herden und Therapieresistenz (vorher bakt. Abstrich!) wie bei staphylogenem Lyell-Sy. ☞ 7.2.4.

7.2.6 Ecthyma

Steckbrief

Oberflächliche ulzerierende Pyodermie, meist der Beine. Wie ausgestanzt wirkende Ulzera.

Therapieprinzip

Kombinierte Lokal- und Systemther. Da verschiedene Erreger (meist Streptokokken) die Erkr. bedingen, erst bakt. Abstrich nehmen, dann antibiotische Ther. einleiten.
Lokalther. mit feuchten Chinosol®-Umschlägen und Povidon-Jod-Salben (z.B. Braunovidon® Salbe). Antibiotische Ther. nach Antibiogramm (Gyrasehemmer, z.B. Ciproflox-Puren® Tbl. 2 × 500 mg/d oft gut wirksam).

> **! TIPP** Nach Immunsuppression (z.B. Diab. mell., maligne Grunderkr.) suchen. Terrainfaktoren (CVI, chron. Lymphödem) mitbehandeln.

7.2.7 Erysipel

Steckbrief

Flächig ausgebreiteter Streptokokkeninf., meist mit Fieber und Lymphknotenschwellung. Erreger dringen durch kleine Hautverletzungen (z. B. mazerative Interdigitalmykose) ein.

Therapieprinzip

Kombinierte Lokal- und Systemther. Systhemther. richtet sich nach Schwere und Ausdehnung des Bef. sowie der Lokalisation.

Therapie

Externe Therapie

Feuchte Umschläge, z. B. mit Kaliumpermanganat-Lsg. (muss hellrosa sein) mehrmals täglich über 30 Min. Ruhigstellung und Hochlagerung bei Extremitätenbefall. Bei besonderen Terrainfaktoren (CVI, Lymphödem) nach Heilung Pütter-Verbände, manuelle Lymphdrainage, Lymphapress. Sanierung der Eintrittspforte (z. B. antimykotische Lokalther., Wundbehandlung mit antiseptischen Externa).

Interne Therapie

- **Standardther.:** Penicillin V über 10 d.
  - **Leichte und mittelschwere Fälle:** Ambulante Ther. mit Penicillin V 3 × 1,2 Mio. IE/d (z. B. Isocillin® 1,2 Mega FT).
  - **Schwere (bullöse/hämorrhagische) Fälle oder Erysipel in massivem Lymphödem:** Stat. Aufnahme, Penicillin G 3 × 10 Mio. IE/d als Kurzinfusion.
- **Bei Penicillinresistenz:** Cephalosporine der 3. Generation als Kurzinfusionen, z. B. 3 × 2 g/d Cefotaxim (z. B. Claforan®). Bei weiter bestehender Therapieresistenz Kombination eines Cephalosporins (z. B. Rocephin®) 2 g/d mit einem Aminoglykosid (z. B. Refobacin®) 1 × 240 mg/d als Kurzinfusion über 10 d.
- **Bei Penicillinallergie:** Erythromycin 1 g i. v. (z. B. Erythrocin®) als Kurzinfusion über 10 d.

- **Erysipelrezidiv:**
  - 1. Rez.: Wie Primärther.
  - 2. Rez.: Antibiotische Langzeitther. 1×/Mon. über 6 Mon. mit Tardocillin® 1200 i.m.
  - Reicht dies nicht aus: Alle 3 Mon. Penicillin G 1 × 10 Mio. IE/d als Kurzinfusion über 10 d für 1 J.

! Rezidive verlaufen oft ohne hohes Fieber und Krankheitsgefühl und werden dann leicht übersehen. Wegen der Gefahr des Lymphödems ist jedoch eine besonders konsequente Ther. erforderlich. Im Alter an Glomerulonephritis denken (U-Status!).

7.2.8 Nekrotisierende Fasciitis

Steckbrief

Schwere phlegmonöse Entzündung entlang der Muskelfaszien und Muskulatur, v.a. durch gramneg. Keime.

! Flächige Überwärmung und oft nur kleines Ulkus verleiten oft zu dem Eindruck, „es sei nicht so schlimm", dabei handelt es sich um eine lebensbedrohliche Inf.

Therapieprinzip

Sofortige stat. Einweisung bei Verdacht. Breite chirurgische Eröffnung des Areals (ggf. nach CT oder NMR). Hochdosierte antibiotische Kombinationsther. Beginn z.B. mit Penicillin G 20–30 Mio. IE + 1 × 240 mg Gentamicin (z.B. Refobacin®). Bei Penicillinunverträglichkeit Penicillin durch Vancomycin (z.B. VANCO-cell®) 2 × 1 g/d ersetzen. Weitere antibiotische Ther. nach Antibiogramm.

7.2.9 Phlegmone

Steckbrief

Flächig ausgebreitete bakt. Gewebeentzündung durch verschiedene Erreger (v.a. Strepto-, Staphylokokken, gramneg. Erreger), oft mit Lymphangitis.

Therapieprinzip

Stat. Aufnahme. Zunächst hochdosierte antibiotische Behandlung wie bei nekrotisierender Fasziitis → Kap. 7.2.8. Bei fehlendem Ansprechen breite chirurgische Eröffnung. Betroffene Extremität ruhigstellen, kühlen und hochlagern.

7.2.10 Scharlach

Steckbrief

Durch Erythrotoxin-bildende Streptokokken ausgelöste Erkr. mit schwerem Krankheitsgefühl und hohem Fieber. Kindergarten- und Schulverbot!

Therapieprinzip

- Bettruhe und Isolation. Antipyretische Ther. mit Paracetamol (z.B. ben-u-ron®). Antibiotische Ther.
- **Sgl. und Kleinkinder:** 3 ×/d 150 000 IE Penicillin V (z.B. Isocillin® Saft) über 10 d.
- **Schulkinder, Erw.:** 3 ×/d 1,2 Mio. IE Penicillin V (z.B. Isocillin® 1,2 Mega FT) über 10 d.
- **Bei Penicillinallergie:** Erythromycin 1,5 g/d über 10 d (Erw.), 40 mg/kg KG/d (Kdr.).

7.2.11 Erythrasma

Steckbrief

Wenig entzündliche Oberflächendermatitis durch Corynebacterium minutissimum, v.a. Intertrigines.

Therapieprinzip

Ausbildung feuchter Kammern im intertriginösen Bereich durch Einlegen von Leinenläppchen unterbinden. Häufiger Wäschewechsel.

Therapie

Lokalther.: Breitspektrumantimykotikum (z. B. Batrafen® Creme/Puder) 2 ×/d dünn auftragen.
Bei Therapieresistenz: Erythromycin 2 × 500 mg/d über 5 d (z. B. Erythromycin-Wolff® oder Einmalgabe von Clarithromycin Sandoz® 1 g).

> **TIPP** Da Rezidive häufig sind, soll ggf. auch bei fehlendem klinischem Befund antimykotische Creme 1 ×/Wo. dünn aufgetragen werden.

7.2.12 Trichobacteriosis palmellina

Steckbrief

Einscheidung der Haarschäfte in der Axilla mit Corynebacterium tenue, meist durch mangelhafte Hygiene. Wegweisend: Beißender Geruch.

Therapieprinzip

Verbesserung der Hygiene durch gründliches Waschen, z. B. mit antiseptischen Seifen (Dermowas® Seife) ausreichend. Rasur empfehlen.

7.2.13 Keratoma sulcatum

Steckbrief

Durch bakt. Proteasen (z. B. von Kytococcus sedentarius, Korynebakterien, Actinomyces) bedingte Hornschichtdefekte im Plantarbereich; kleine Grübchen und straßenartige Hornschichtdefekte. Fötider Geruch durch schwefelhaltige Verbindungen.
Syn.: Pitted keratolysis.

Therapieprinzip

Feuchtigkeit meiden (kein okklusives Schuhwerk, Füße trocken föhnen). Lokalther. mit ethanolhaltiger Erythromycin-Lsg. 2% (NRF 11.78) oder Gel (NRF 11.84) über 10–20 d (2 ×/d mit Wattebausch dünn auftragen). Bei Therapieresistenz Erythromycin-Wolff® 4 × 250 mg/d für 1 Wo.

7.2.14 Hyperhidrose

Steckbrief

Übermaß an Schweißbildung, die über die Erfordernis der Wärmeregulation hinausgeht.

Primäre Hyperhidrose: Keine internistischen oder externen Ursachen vorhanden; meist lokalisiert.

Sekundäre Hyperhidrose: Folge einer Grundkrankheit (z.B. endokrin, maligne, infektiös); meist diffus. Ther.: Aufdeckung und Beseitigung der Ursache.

Therapieprinzip

- **Axilläre Hyperhidrose:**
  - Topisch mit Antiperspiranzien z.B. Sweat-off® (Aluminiumchlorid) 1 ×/d.
  - Oder: chemische Denervierung mit Botulinumtoxin A (Botox®) mit 50 (–100) E pro Axilla durch Injektion von 2,5–5 E/cm² Hautfläche (Auflösung von 100 E in 5,0 ml unkonservierte sterile NaCl-Lsg.); Eintritt der Wirkung nach ca. 1 Wo.; Anhidrose hält durchschnittlich 6 Mon. an.
  - Oder: ambulante chirurgische Rotations-Saug-Ablation in Tumeszenz-LA; postop. Anlegen eines Kompressionsverbandes. AU für 3 d.
  - Ultima ratio: Videoassistierte thorakoskopische Sympathektomie.
- **Palmoplantare Hyperhidrose:** Topisch (s.o.) oder Leitungswasseriontophorese mit kontinuierlichem Gleichstrom (z.B. idromed® 4GS) initial 3–5 ×/Wo. für 15–20 Min., Erhaltungsther. 1 ×/Wo. oder chemische Denervierung mit Botox® (palmoplantare Injektionen sehr schmerzhaft!); 100 E pro Palma, 50 E pro Planta erforderlich oder syst. Gabe z.B. von Antiparkinsonmittel mit anticholinerger Wirkung (Bornaprin, Sormodren®; initial 1–2 mg/d, alle 14 d um 1 mg bis auf max. 12 mg/d steigern oder Methantheliniumbromid, Vagantin®, 2–3 × 50 mg/d, langsam auftitrieren, **keine** zentrale NW).

Erkrankungen

7.2.15 Gramnegativer Fußinfekt

Steckbrief

Stark entzündliche, nässende Inf. der Zehenzwischenräume mit charakteristischem, beißendem Geruch.

Therapieprinzip

Austrocknen der Zehenzwischenräume. Immer Kombination aus Lokal- und antibiotischer Systemther.

Therapie

Externe Therapie: Füße mehrmals täglich trocken föhnen. Umschläge mit Kaliumpermanganat-Lsg. (hellrosa), dann dünn Lotio zinci auftragen (wirkt austrocknend), Mullstreifen wendelartig in die Zehenzwischenräume einlegen.

Interne Therapie: Gyrasehemmer (z.B. Ciprofloxacin Sandoz® Tbl.) 2 × 500 mg/d über 10 d.

> ! Gramnegativer Fußinf. wird oft durch antimykotische Ther. mit Azolpräparaten ausgelöst, da Antimykotika grampos. Erreger hemmen und damit gramneg. begünstigen. Antimykotische Ther. zunächst einstellen.

7.2.16 Whirlpool-Dermatitis

Steckbrief

Durch Baden in Warmwasserbecken und Whirlpools ausgelöste Inf. mit Pseudomonas aeruginosa. Am Stamm entstehen nach 8–24 h follikuläre Papeln und Pusteln; i.d.R. Spontanheilung.

Therapieprinzip

Antiseptische Seifen (z.B. Dermowas®) und örtlich austrocknende Ther. mit Lotio alba aquosa sind ausreichend.

7.2.17 Tuberkulose

Steckbrief

Die Tuberkulose wird durch Mykobakterien ausgelöst. Das klinische Bild ist sehr mannigfaltig und weniger von der Aggressivität des Erregers als von der Abwehrlage des Pat. abhängig. Feststellung einer Inf. mittels einer Blutuntersuchung möglich (QuantiFERON-Gold®) bei gleicher Sensitivität wie der Tuberkulin-Hauttest, aber höherer Spezifität.

Therapieprinzip

Bis auf wenige Ausnahmen sind Kombinationsther. erforderlich (☞ Tab. 7.3).

Tab. 7.3 In der Tuberkulosetherapie verwendete Medikamente

Therapeutikum	Dosierung	Nebenwirkung	Bemerkung
Isoniazid (INH)	5 mg/kg KG p.o. oder i.v.	Hepatotoxisch, neurotoxisch, BB-Veränderungen	Immer in Kombination mit Pyridoxin verabreichen
Rifampicin (RMP)	10 mg/kg KG p.o.	Selten BB-Veränderungen	
Pyrazinamid (PZA)	25–35 mg/kg KG p.o.	Nephro-, hepato-, neurotoxisch, BB-Veränderungen	Pyridoxin (Vit. B_6) 100 mg p.o. und Allopurinol 150–300 mg/d p.o. als Begleitmedikation
Ethambutol (EMB)	Initial 25 mg/kg KG, später 15–20 mg/kg KG p.o.	Wichtigste NW: Retrobulbäre Neuritis	Regelmäßige augenärztliche Kontrollen
Streptomycin (SM)	15–20 mg/kg KG/d i.m. bis max. 18 g Gesamtdosis	Oto-, nephrotoxisch, Polyneuropathie	

Therapie

Nur Ther. der Haut-Tbc sollte durch Dermatologen erfolgen. Organ-Tbc ist Domäne der Inneren Medizin. Die Ther. richtet sich nach der Tbc-Form und der Abwehrlage des Pat. (☞ Tab. 7.4).

Bei Systemther. einschleichend behandeln; 1.–3. d RMP, dann INH, ab 7. d PZA.

Tab. 7.4 Therapie der Tuberkuloseformen

Tbc-Form	Abwehrlage	Therapie	Prognose
Tuberkulöser Primärkomplex	↓	Nur Lokalther. (z. B. gemörserte INH-Tbl. auf die Papel auftragen, bis narbige Heilung erreicht ist)	Heilung
Tuberculosis cutis miliaris disseminata	↓↓	INH+RMP+PZA für 2–3 Mon., dann INH+RMP für weitere 4 Mon.	Ungünstig, meist disseminierter Organbefall
Tuberculosis miliaris ulcerosa mucosae et cutis	↓	INH+RMP+PZA für 2–3 Mon., dann INH+RMP für weitere 4 Mon.	Ungünstig, meist disseminierter Organbefall
Tuberculosis cutis luposa	↑	Exzision kleinerer Herde und Polychemother. mit INH + RMP + PZA für 2–3 Mon., dann INH + RMP für weitere 4 Mon.	Heilung in 95% unter Ther., jedoch mit Narbenbildung, Atrophie und Weichteilzerstörung
Tuberculosis cutis colliquativa	↑	Wie Tuberculosis cutis luposa (s. o.)	Heilung unter Narbenbildung
Tuberculosis cutis verrucosa	↑↑	INH-Monother.	Heilung unter Narbenbildung

Besonderheiten der Ther.:
- **INH-Resistenz:** RMP+EMB+PZA für 9–12 Mon.
- **RMP-Resistenz:** Ther. nach Antibiogramm.
- **PZA-Unverträglichkeit:** INH + RMP + EMB für 3 Mon., dann INH + RMP für weitere 6 Mon.
- **Lokalther. kleinerer Herde** durch Exzision, Kryochirurgie ist möglich, muss jedoch mit Systemther. kombiniert werden.

Tuberkulide

Steckbrief: Id-Reaktion des Organismus auf antigenwirksames Erregermaterial. Folgende Formen werden unterschieden: Lichen scrofulosorum, papulonekrotisches Tuberkulid, Erythema induratum, Erythema-nodosum-artiges Tuberkulid.
Therapie: Behandlung der zugrunde liegenden Tbc, lokales (z. B. Dermatop® Creme) oder syst. Kortikoid.

7.2.18 Schwimmbadgranulom

Steckbrief

Nichttuberkulöse (früher atypische) Mykobakteriose, die u. a. in Aquarien, Flüssen und Baggerseen durch kleine Verletzungen v. a. an Händen und Unterarmen erworben wird. Narbige spontane Heilung nach 1–2 J.

Therapie

Minocylin 100–200 mg/d p.o. über 6–12 Wo. (z.B. Skid® Tbl. 1–2 × 1). Bei Nichtansprechen oder Resistenz eine Dreifachkombination aus: Rifampicin (600 mg/d) und Clarithromycin (2 × 500 mg) und Ethambutol (15 mg/kg KG/d) für 3–6 Mon., Lokalther. mit Rotlicht für 5 Min. Die Ther. muss 4–8 Wo. über die klinische Heilung wegen des Rezidivrisikos fortgesetzt werden.

7.2.19 Lepra

Steckbrief

Chron. Infektionskrankheit durch Mykobacterium leprae. Die klinische Manifestation ist abhängig von der Resistenzlage des befallenen Organismus und der Aggressivität des Erregers. Schlechte Resistenz → lepromatöse Lepra, gute Resistenz → tuberkulöse Lepra, dazwischen als Borderline bezeichnete Grenzformen.

Therapie

Ther. richtet sich nach Erregernachweis in Gewebeausstrichen (slit skin smears) aus verdächtiger Region und Ohrläppchen (Vergleichsregion).

- **Paucibazilläre Lepra:** Rifampicin (Rimactan®) 600 mg alle 4 Wo. Gesamtdosis 6 × 600 mg innerhalb von 9 Mon. Zusätzlich Dapson (z.B. Dapson-Fatol) 100 mg/d. Kdr.: Rifampicin 10 mg/kg KG alle 4 Wo. + Dapson 1–2 mg/kg KG/d.
- **Multibazilläre Lepra** (nur Erw., Kdr. bleiben verschont): 600 mg Rifampicin + 300 mg Clofazimin (z.B. Lampren®) alle 4 Wo. Gesamtdosis 24 × 600 mg Rifampicin und 24 × 300 mg Clofazimin innerhalb von 36 Mon. Zusätzlich Dapson 100 mg/d und Clofazimin 50 mg/d.
  Clofazimin kann kostenlos vom Hersteller Novartis bezogen werden: Michael.Fehst@novartis.com.

Leprareaktion

Hypersensitivitätsreaktion gegen Mycobakterium-leprae-Antigene.

- **Typ-I-Reaktion:** Anschwellen der HV, Funktionsverlust von Nerven. Ther.: Stat. Aufnahme, Prednisolon (z.B. Decortin® H) 40–60 mg/d über 14 d, dann ausschleichen über mehrere Wo. in 5-mg-Schritten.
- **Typ-II-Reaktion:** Fieber und AZ↓↓, Neuritiden, Iridocyclitis, Erythema nodosum. Ther.: Prednisolon (z.B. Decortin® H) 40 mg/d über 2 d, danach Dosisreduktion um 5 mg alle 2 d. Bei Therapieresistenz Thalidomid 200–400 mg/d im Off-label use. Es kann über Pharmion Germany

GmbH aus GB importiert werden. Kostenerstattung ist bei der Krankenkasse vorher abzuklären.

7.2.20 Aktinomykose

Steckbrief

Seltene, meist durch Mensch- oder Tierbiss hervorgerufene Inf., die zu brettharter Infiltration im Hals- und Kieferbereich führen kann.

Therapie

- Chirurgische Eröffnung von Abszessen; Exzision fibrosierter Gewebeteile.
- Penicillin-G-Kurzinfusionen 2 × 10 Mio. IE/d über 4–6 Wo. Danach über > 3 Mon. Penicillin V 5–10 Mio. IE/d p.o. oder Doxycyclin 2 × 100 mg/d.

7.2.21 Borreliose

Steckbrief

Durch Borrelien ausgelöste, in Stadien verlaufende Erkr. mit mannigfaltigem Organbefall. Borrelien werden durch Stich der Zecke Ixodes ricinus übertragen.

Therapie (☞ Tab. 7.5)

! Bis zu 15% der Pat. können nach Therapiebeginn eine Jarisch-Herxheimer-Reaktion entwickeln, schwächer als bei der Syphilisther. ausgeprägt.

Tab. 7.5 Therapie der Borreliose

Stadium	Therapie
I und II	Doxycyclin 1 × 200 mg/d über 10–20 d
III	Wie Stadium I, aber über 20–30 d
Bei neurolog. Symptomen und kardialen Veränderungen Antibiotika i.v.	Ceftriaxon (Rocephin®) 1 × 2 g/d i.v. über 14–21 d oder Cefotaxim (Claforan®) 3 × 2 g/d i.v.

Die Antikörperbestimmung zur Kontrolle des Therapieerfolges ist überflüssig. Sog. Post-Lyme-Symptome (Fatigue-Syndrom, muskuloskelettale Schmerzen) sind relativ häufig und durch wiederholte Antibiotikagabe NICHT beeinflussbar.

7.3 Sexuell übertragbare Erkrankungen

Geschlechtskrankheiten im Sinne des Infektionsschutzgesetzes: Syphilis, Gonorrhoe, Ulcus molle, Lymphogranuloma inguinale.

STD (sexually transmitted diseases): Alle Erkr., die durch Geschlechtsverkehr übertragen werden.

7.3.1 Condylomata acuminata / Bowenoide Papulose

Steckbrief

Durch HPV (6, 11, 16, 18) ausgelöste Erkr. mit verrukösen Papeln (Condylomata acuminata) oder Arealen, die einem M. Bowen ähnlich sind (bowenoide Papulose). Beim ♂ meist an Glans penis und Präputium, bei der ♀ an den kleinen Labien und am Introitus vaginae. Oft auch Befall des Anoderms.

Therapieprinzip

Ein feuchtes Milieu begünstigt die Verbreitung (z. B. Analekzem, Fluor vaginalis, Intertrigo, Phimose). Auch Ovulationshemmer sind ggf. begünstigend. Virusmaterial befindet sich nicht nur in den Papillomen, sondern ist latent in der Umgebung vorhanden → Ther. muss über eigentlichen Herd hinausreichen (Ausnahme: Podophyllotoxin-Ther.). Immer Partner mit untersuchen.

! An mögliche Immunsuppression (z. B. HIV, v. a. bei intraanalem Befall, und Hepatitis C) denken.

Therapie

Externe Therapie bei flachen, kleinen Kondylomen:

- Aldara® 5% Creme: 3 ×/Wo, z.B. MO-MI-FR, auf das betroffene Gebiet 1 × abends auftragen, morgens mit milder Seife abwaschen.
- **Behandlungsdauer:** Bis zum Verschwinden der Warzen, max. 16 Wo.
- **NW:** Reizungen im Behandlungsareal
  - Condylox® Lsg.: 3 ×/Wo. z.B. MO-DI-MI 2 × tgl., bis zu einer Dauer von 4 Wo. wiederholen.
  - Wartec® Creme 0,15%: 3 ×/Wo. z.B. MO-DI-MI 2 × tgl., kann mehrere Wo. wiederholt werden.
- **Beachte:** Bei der Ther. mit Condylox® Lsg und Wartec® Creme 0,15% sollte auf Alkohol wegen Verstärkung unerwünschter Wirkungen verzichtet werden!
- **Bei intraanalem Befall:** Imiquimod-Tampons mit tgl. Wechsel. Für die Herstellung der Tampons nach dem TopiTec®-Verfahren werden nach einer Rezeptur von Kaspari für 2 Tampons 1 Sachet Aldara®, Hartfett (ca. 4 g) und Elastomull (Breite 4 cm) benötigt. Nähere Informationen: tahama@t-online.de.

Operative Therapie: Abtragen mit der Diathermieschlinge oder Koagulation mit Kugelkauter und anschließende Kürettage in LA, große Herde oder intraanaler Befall in Vollnarkose. Bei ausgedehntem, rez. Präputialbefall Zirkumzision durchführen. Laser-Chirurgie: Laserung mit Erbium: YAG- oder CO_2-Laser in LA.

> ! Koagulations- und Laser-Verfahren nur unter sorgfältiger Dampfabsaugung durchführen, da Virusmaterial von OP-Personal inhaliert werden kann. Wegen hoher Rezidivquote engmaschige Nachkontrolle, um bereits kleine Rezidive zu erkennen.

Nach Heilen der Op.- oder Laserdefekte ggf. Nachbehandlung mit Aldara® (s.o.) zur Senkung der Rezidivrate.

Prophylaxe: Impfung mit dem tetravalenten Impfstoff Gardasil für 9- bis 15-jährige Jugendliche (HPV 6, 11, 16, 18) im Abstand von 2 und 6 Mon. nach der ersten Impfung.

7.3.2 Erkrankungen durch Chlamydien

Steckbrief

Durch sexuelle Kontakte übertragene bakt. Infektionskrankheit mit verschiedener klinischer Manifestation.
♂: Urethritis, Epididymitis, Proctitis.
♀: Cervicitis, Kolpitis, Proctitis.
♂ und ♀: Lymphogranuloma inguinale (auch deutliche Allgemeinsymptome und Proktitis), v.a. bei homosexuellen Männern.

Therapie

Doxycyclin 2 × 100 mg/d über 21 d (z.B. Doxyderma®); gleichzeitige Ther. des Geschlechtspartners. Erythromycin (-Wolff®) 4 × 500 mg/d über 21 d bei Schwangeren.

7.3.3 Gonorrhoe

Steckbrief

Durch Neisseria gonorrhoeae übertragene Geschlechtskrankheit. In 60% gleichzeitig bestehende Chlamydieninf. Glasige Sekretion aus der Urethra, auch Epididymitis, Prostatitis und Urethritis möglich. Bei ♀ oft asymptomatisch, seltener Urethritis und Adnexitis. Extragenitaler Befall (Proktitis, Pharyngitis) möglich.

Therapie

Ciprofloxacin (Ciproflox-Puren®) 1 × 500 mg, alternativ Ceftriaxon (Hexal®) 1 × 250 mg i.m. In der Schwangerschaft Azithromycin (z.B. Zithromax®) 1 × 1 g. An Partnerbehandlung denken.

Komplizierte Fälle stationär behandeln!

7.3.4 Granuloma inguinale/venereum

Steckbrief
Chron. granulomatöse Erkr. durch Klebsiellenspezies. Meist in den Tropen, selten in Europa. Bizarre Ulzera im Genitalbereich und perilymphatische Granulome im LK-Bereich.
Syn.: Donovanosis.

Therapie
Cotrimoxazol (Cotrimox-Wolff® forte) 4 × 500 mg/d über 14 d. Alternativ Tetracyclin (-Wolff®) 4 × 500 mg p.o. über 21 d. Erythromycin (-Wolff®) 4 × 500 mg/d in der Schwangerschaft bis zur Heilung aller Läsionen.

7.3.5 Syphilis

Steckbrief
Stadienartig verlaufende Geschlechtskrankheit durch Treponema pallidum. Die klinische Symptomatik ist sehr variabel und kann verschiedene andere Erkr. nachahmen („Die Syphilis ist der Affe unter den Krankheiten"). In ca. 15% liegt gleichzeitig eine HIV-Inf. vor.

- **Stadium I:** Ulkus an der Eintrittsstelle (z. B. Glans penis, Labien), später auch Schwellung des zugehörigen LK.
- **Stadium II:** Generalisierte Exantheme („Syphilide"), Schleimhautbeteiligung, LK-Schwellung, Splenomegalie.
- **Stadium III:** Bildung von Granulomen („Gummen") in verschiedenen Organen.
- **Stadium IV:** Bei Anergie vorkommende Symptomenkonstellation mit Befall des Nervensystems.
  - **Tabes dorsalis:** Lanzinierende Schmerzen, Ataxie, ggf. Optikusatrophie.
  - **Paralysis progressiva:** Kopfschmerzen, Persönlichkeitsveränderungen, Depression, Manie, Demenz.

Syn.: Lues (nur in Deutschland verwendeter Begriff!).

Therapie

Vor Penizillinther. zur Vermeidung der Jarisch-Herxheimer-Reaktion Gabe von (s. u.) 25–30 mg Prednisolon (Solu-Decortin® H) i.v. 1 h vor oder gleichzeitig mit der 1. Penizillininjektion. Bei Granulomen vor Antibiotikagabe Prednisolon 25–50 mg/d (z. B. Decortin® H) über 1–2 Wo. und Rö.-Thorax.

Frühsyphilis (Syphilis I und II): Benzathinpenicillin 2,4 Mio. IE/Wo. (≅ 2 Amp.) i.m. (z. B. Pendysin® 1,2 Mio. I.E.) an Tag 1 und 8. Bei Penizillinunverträglichkeit: Doxycyclin (-Wolff®) 2 × 100 mg/d p.o. oder Erythromycin(-Wolff®) 4 × 500 mg/d p.o. über 15 d.
Spätsyphilis (Syphilis III und IV): Benzathinpenicillin 2,4 Mio. IE i.m. 3 × im Abstand von 7 d (z. B. Pendysin® 1,2 Mio. IE). Bei Penizillinunverträglichkeit: Doxycyclin 2 × 100 mg/d p.o. über 30 d (z. B. Tetracyclin-Wolff®) oder Erythromycin 4 × 500 mg p.o. über 30 d (z. B. Erythrocin 500 Neo® FT).
Therapie in der Schwangerschaft: Wie Früh- oder Spätsyphilis (s. o.) mit Penicillin oder Erythromycin.

! Cave
Keine Tetracycline in der Schwangerschaft einsetzen!

Neuro- und kardiovaskuläre Syphilis:
- Penicillin G 24 Mio. IE i.v. (alle 4 h 2–4 Mio. IE) über 10–21 d. Bei zerebralen Anfällen als NW der hohen Penizillindosen → Dosisreduktion auf 12 Mio. IE Penicillin G i.v. (2 Mio. IE alle 4 h).
- Alternativ: Doxycyclin (DoxyHexal®) 2 × 100–200 mg/d i.v. über 30 d. Ceftriaxon (Rocephin®) 2 g/d i.m./i.v. für 3 Wo.
- **Therapiekontrollen:** Serologische (TPPA, VDRL und IgM-FTA-Abs-Test mit Titerstufen) Kontrolle nach 3, 6 und 12 Mon., bei Spätsyphilis nach 24 Mon. zusätzlich VDRL 1 ×/J. über 4 J. nach Therapieende; bei Neurosy-

philis Liquorpunktion nach 6 und 12 Mon., dann 1 ×/J. über 3 J.

Therapiekomplikationen

- **Jarisch-Herxheimer-Reaktion:** 2–6 h nach 1. Penicillingabe Auftreten fieberhafter Temp. und grippeähnlicher Symptome, Arthralgien. Maßnahmen: Interne Ther. mit Glukokortikoiden (z. B. Solu-Decortin® H 100 mg i.v.).
- **Aortenaneurysmaruptur** durch Gummenzerfall unter Penicillingabe.

Prognose

- **Stadium I:** Ausheilung nach d bis Wo., ggf. Ausbildung von Stadium II.
- **Stadium II:** Nach Exanthem ggf. Übergang in erscheinungsfreies Intervall (Lues latens seropositiva), nach 3–5 J. ggf. Ausbildung von Stadium III (selten).
- **Stadium III:** Lebensbedrohlich durch Organbefall (Herzbefall, Aortenaneurysma, Demenz).
- **Stadium IV:** Sehr selten; oft tödlich verlaufend.

7.4 Dermatomykosen

7.4.1 Tinea pedis / pedum

Steckbrief

Sehr verbreitete (ca. ⅓ der Bevölkerung) durch Dermatophyten ausgelöste Inf.; Beginn meist interdigital, dann Ausbreitung auf die Fußsohle und Fußkanten. Im Zehenzwischenraum oft nässend-mazerativ, an der Fußsohle eher trockenschuppend. Assoziation mit Hyperhidrosis pedum möglich. Hinter der trockenen Fußsohle beim Diabetiker kann sich eine Tinea vom Mokassin-Typ verbergen.

Therapie

Anlegen einer mykologischen Kultur zur Bestimmung des Erregers auf Speziesniveau. In Zukunft wird es möglich sein, auf der Basis einer PCR-ELISA-Analyse die fünf häufigsten Dermatophytenspezies innerhalb von 24 h zu bestimmen: Tri-

chophyton rubrum, T. (mentagrophytes var.) interdigitale, T. violaceum, Microsporum canis und Epidermophyton floccosum.
Zunächst austrocknende Ther. nässender Areale, z.B. mit Tannosynt®-Lotio. Dann Einsatz lokaler Antimykotika. Im Zehenzwischenraum Einsatz von z.B. Batrafen® Puder/ Creme/Lsg. 2 ×/d, an der Fußsohle Creme (z.B. Batrafen® 2 ×/d oder Mykosert® 1 ×/d).
Bei ungenügender Wirkung: Zusätzlich syst. Behandlung z.B. Terbinafin (Octosan®) 250 mg/d über 2(–4) Wo. oder Itraconazol (Sandoz®) 100 mg/d über 4 Wo. unter Berücksichtigung der Errergerlücken.

> T. interdigitale ist azolresistent. Um synergistische Effekte zu erzielen, sind bei einer kombinierten Lokal-/Systemther. Präp. unterschiedlicher Wirkstoffgruppen zu bevorzugen.

Behandlung aller Schuhe mit Batrafen® Puder an 3 aufeinanderfolgenden d. Möglichst Tragen kochfester Baumwollstrümpfe.

Therapiekomplikation

Entwicklung eines gramneg. Fußinfektes ☞ 7.2.15.

7.4.2 Tinea manus/manuum

Steckbrief

Mykose der Hand, meist mit Tinea pedum assoziiert. Entweder vesikulöse oder hyperkeratotische Variante.

Therapie

Meiden von Feuchtigkeit, Hände gut trockenhalten.

- **Vesikulöse Form:** Zunächst austrocknende Ther. (z.B. Tannosynt® Lotio), dann antimykotische Lokalther. (z.B. Batrafen® Creme 2 ×/d oder Mykosert® Creme 1 ×/d).
- **Hyperkeratotische Form oder therapieresistente vesikulöse Form:** Erregerabhängige syst. Behandlung z.B. mit Itraconazol (Sandoz®) 100 mg/d über 4 Wo. oder Terbinafin (z.B. Octosan®) 250 mg/d über 2(–4) Wo.

7.4.3 Tinea inguinalis

Steckbrief

Mykose im Leistenbereich, durch Feuchtigkeit stark begünstigt. Flächige Rötung und leicht brennendes Gefühl.

Therapie

Austrocknende Maßnahmen (z.B. Trockenföhnen nach dem Waschen, Einlegen von Leinenläppchen).
Lokalther. meist ausreichend, z.B. Imazol Paste 2 ×/d über 14 d, Infectosoor Zinksalbe 2 ×/d über 14 d oder Batrafen® Puder 1–2 ×/d bis zum Verschwinden der Hauterscheinungen, zur Rezidivprophylaxe 1–2 Wo. darüber hinaus.

7.4.4 Tinea corporis

Steckbrief

Mykose der Felderhaut und des Gesichtes. Meist randbetonte schuppende Plaques.

Therapie

Lokalther. z.B. mit Batrafen® Creme 2 ×/d oder Lamisil® Creme 1 ×/d. Nach ca. 14 d ist klinische Heilung zu erwarten. Lokalther. muss jedoch noch weitere 2 Wo. fortgesetzt werden.
Bei ausgedehntem Befall: Syst. Behandlung z.B. Itraconazol (Sandoz®) 100 mg/d über 2 Wo. oder Terbinafin (z.B. Octosan®) 250 mg/d über 2 Wo.

> **! TIPP** Akquiriert ein in der Landwirtschaft Tätiger eine Rindertrichophytie (BK 3102), so kann dies als Arbeitsunfall gewertet werden. Es ist eine Unfallmeldung an die entsprechende landwirtschaftliche BG zu schicken. Die Behand-lung kann sofort zu Lasten der BG vorgenommen werden. Bei AU oder längerer Behandlungszeit als 1 Wo. muss der Pat. beim D-Arzt mit einem ÜV-Vordruck vorgestellt werden.

7.4.5 Tinea follicularis cruris

Steckbrief

Ausgesprochen chron. verlaufende Dermatomykose mit follikulärer Bindung. Typisch sind dichtstehende follikuläre Papeln.

Therapie

Immer Systemther. z. B. mit Itraconazol Sandoz® oder Octosan® 1 × 1 / d über mehrere Wo.

7.4.6 Tinea capitis

Steckbrief

Dermatophyteninf. des behaarten Kopfes, meist bei Kindern. Die befallenen Areale sind haarlos, schuppend oder krustös belegt.

Besondere Formen:

- **Mikrosporie:** Erreger: M. canis / audouinii. Tendenz zunehmend (Urlaubsmitbringsel!).
- **„Erbgrind" (Favus):** Erreger: T. schönleinii. Selten, aber zunehmend; typisch fest anhaftender Grind.
- **Andere Erreger:** T. mentagrophytes (var. granulosum), T. verrucosum, T. tonsurans.

Therapie

> ! Stets Lokal- und Systemther.! Lokalther. sofort, Systemther. nach Erregeridentifizierung bis zum Negativwerden der Kultur.

Lokaltherapie: z. B. Batrafen® Lsg. oder Creme mehrmals tgl.

Systemther. bei Kindern:

- Griseofulvin (Likuden® M):
  - 10 mg / kg KG / d (anthropophile Erreger).
  - 20 mg / kg KG / d (zoophile Erreger).
- Fluconazol (Diflucan® Saft):
  - 5 mg / kg KG / d (anthropophile Erreger).

  - **Nur** Mikrosporumarten: 10 mg/kg KG/d (zoophile Erreger).
- Itraconazol (-Sandoz®):
  - 5 mg/kg KG/d.
  - **Nur** Mikrosporumarten.
- Terbinafin (z.B. Octosan®):
  - < 20 kg KG ≙ 62,5 mg/d.
  - 20–40 kg KG ≙ 125 mg/d.
  - > 40 kg KG ≙ 250 mg/d.

Wechselwirkung mit anderen Medikamenten beachten: Itraconazol hemmt das Enzym CYP3A4, über das viele Medikamente abgebaut werden, Fluconazol CYP3A4 und CYP2C9 und Terbinafin CYP2D6, über das weniger Medikamente abgebaut werden.

Zusätzliche Maßnahmen:
- Zurückschneiden der Haare (NICHT durch einen Frisör!).
- Haarwäsche 2 ×/Wo. mit antimykotischem Shampoo (z.B. Batrafen® S Shampoo im Off-label use).
- Schulbefreiung bis 2 Wo. nach Ther.-Beginn.
- Sportbefreiung bis zum Negativwerden der mykologischen Kultur.

> ! Itraconazol und Terbinafin sind zur Behandlung von kindlichen Dermatosen in Deutschland nicht zugelassen. Schriftliche Einverständniserklärung erforderlich bei individuellem Heilversuch.

7.4.7 Tinea unguis/unguium

Steckbrief

Häufige Dermatophyteninf. der Nägel (jeder 8. Deutsche!). Zehennägel sind 4–7 × öfter betroffen als Fingernägel. Weißliche Streifenbildung von distal nach proximal und allmählich fortschreitender krümeliger Zerfall der Nägel.

Syn.: Onychomykose.

Therapie

Wenn die Mykose < 50% der Nagelplatte von distal her einnimmt:

- Atraumatische Entfernung der kranken Nagelplatten durch Salbe mit 1% Bifonazol und 40% Harnstoff, 1 ×/d für 1–2 Wo.(z.B. Canesten® Extra Nagelset), Fräsen oder Laserablation. Wichtige Voraussetzung für Eindringen lokaler Antimykotika!
- Lokalther. mit einem antimykotischen Nagellack, z.B. Amorolfin 5% (Loceryl® Nagellack) 1–2 ×/Wo. auftragen oder Ciclopirox 8% (Nagel Batrafen®) im 1. Mon. jeden 2. d, im 2. Mon. 2 ×/Wo., ab 3. Mon. 1 ×/Wo. auftragen.; Behandlungszeit: ca. 6 Mon.

Befall des Nagels > 50% → Systemther. + Lokalther.

- Terbinafin (z.B. Octosan®) 1. Wo. 250 mg/d, danach 125 mg/d für 8 Wo., dann 1 ×/Wo. 250 mg. Terbinafin ist das Mittel der Wahl bei Pat., die Immunsuppressiva erhalten, da Azolpräparate mit Letzteren interagieren können.
- Intervallther. mit Itraconazol (-Sandoz®) 2 × 2 Tbl./d nach einer Mahlzeit (2 × 200 mg) für 1 Wo., danach 3 Wo. Therapiepause, max. 3 Zyklen.
- Fluconazol (-ISIS®, Sandoz®, Diflucan®)150 oder 300 mg/ Wo. über 6–12 Mon.
- Sonderfall Kdr. (Off-label use):
  - T. rubrum 200 mg Fluconazol/d für 5 d, danach bis zur vollständigen Heilung 200 mg/Wo., lokal Onychomal®.
  - T. interdigitale 250 mg Terbinafin/d für 5 d, danach 250 mg/Wo., lokal Onychomal®.

> Wenn klinisch eine Onychomykose vorliegt, aber Nativpräp. und Pilzkultur negativ sind, sollte eine histologische Untersuchung des Nagelmaterials vorgenommen werden (PAS-Färbung).

7.5 Candidosen

Inf. durch Candida-Spezies, v.a. C. albicans. Oft im intertriginösen Bereich bei Prädisposition (Alter, Adipositas, Diab. mell.) vorkommend.

7.5.1 Candidosis intertriginosa

Steckbrief

Flächige Rötung im intertriginösen Bereich, typischerweise mit satellitenartigen Streuherden.
Syn.: Intertrigo candidomycetica.

Therapie

Trockenlegung des befallenen Areals (Einlegen von Leinenläppchen, Trockenföhnen). Lokalther. mit nystatinhaltigen Pasten (z.B. Nystaderm® Paste) 2–3 ×/d bis zur Heilung. Wirksamer sind Miconazol-haltige Präp. (z.B. Infectosoor Zinksalbe). Bei stark entzündlichem Erscheinungsbild zunächst steroidhaltige Nystatinpräp. (z.B. Nystaderm® comp. Paste) über wenige d einsetzen.
Nachbehandlung mit Pasten (z.B. Pasta zinci mollis mit 3% Triglyceroldiisostearat) vermindert Rezidivgefahr!
Bei C. albicans-Nachweis im Stuhl (> 10^4/g Stuhl): Darmsanierung mit Nystatin p.o. für 14 d, Erw. 3 × 1 Mio. IE/d (z.B. Candio Hermal® Drg. 3 × 2/d), Sgl. 3–4 × 100 000 IE/d (z.B. Candio Hermal® Fertigsusp. 3–4 × 1 ml/d). Wechsel der Zahnbürste, Sanierung der Mundhöhle (kariöse Zähne, tiefe Zahntaschen), Polieren der Zahnprothesen, Infectosoor Mundgel. Bei ausgedehntem Hautbefall von inkontinenten Personen kann eine interne Ther. mit Fluconazol 200 mg/d für 5 d erforderlich werden, mit einer sich anschließenden 1 × wöchentlichen Erhaltungsther. von 200 mg.

Ernährung

Keine strenge kohlenhydratarme, sondern ausgewogene ballaststoffreiche Kost. Zu empfehlen sind: Gemüse, Sauerkaut, nicht gesüßte Milchprodukte.

> **! TIPP** Aufbau der Darmflora auch durch Bakt.-Präp. (z. B. Symbioflor® 1–3 × 30 Tr./d oder Mutaflor® Tag 1–4 1 Kps., danach 2 Kps./d) möglich.

7.5.2 Candidose der Windelregion

Steckbrief

Candidainf. des Windelbereiches bei Sgl. und inkontinenten Erw.

Therapie

- Allgemeine Maßnahmen: Betroffenes Areal gut „trockenlegen" (häufiger Windelwechsel, Meiden okkludierender Windeln).
- Lokalther. z. B. mit Infectosoor Zinksalbe, dann vorbeugend Pédiatil Wundschutzpflege.
- Immer auch orale Ther.: ☞ 7.5.1.

7.5.3 Candidose des Nagels

Steckbrief

Candidainf. des Nagels und ggf. der Periungualregion.

Therapie

> **! Immer Systemtherapie**
> Fluconazol 50 mg/d für 4–8 Wo. (z. B. Diflucan® Derm), Itraconazol (Sandoz®) 100 mg/d für mind. 4 Wo.

7.5.4 Candidose der Mundhöhle

Steckbrief

Candidainf. der Mundhöhle, oft in den ersten Lebensmonaten oder bei geschwächter Immunabwehr (z. B. Diab. mell.). Weißliche, kleinfleckige, abstreifbare Beläge.

Therapie

Ther. der Grunderkr., v.a. Einstellung eines Diab. mell.; Lokalther. mit Miconazol-haltigen Präp. (z.B. Infectosoor Mundgel) 3–5 ×/d nach den Mahlzeiten. Auch zur Behandlung von Sgl. geeignet. Bei abwehrgeschwächten Pat. zusätzlich orale Gabe von Nystatin (z.B. Candio Hermal® Drg. 3 × 2/d) oder Amphotericin B (z.B. Ampho-Moronal® Susp. 4 × 1 ml/d) nach den Mahlzeiten. Wechsel der Zahnbürste!

7.5.5 Candidose des Genitale

Steckbrief

Candidainf. des weiblichen oder männlichen Genitales. Bei ♀ Vulva und Vagina befallen, brennende Sensationen, ggf. Fluor. Bei ♂ Glans penis und inneres Präputialblatt befallen, meist rötliche Stippen.

Therapie

- ♀:
  - Einbringen von z.B. inimur® myko Vaginalzäpfchen mit Ciclopirox-Olamin in die Scheide 1 × abends an 3–6 aufeinander folgenden d. Gleichzeitiges Eincremen der Vulva z.B. mit Batrafen® Vaginalcreme. Systemther. in unkomplizierten Fällen: Fluconazol (z.B. Fungata® 1 × 1 Kps.), oder Itraconazol (z.B. Siros® einmalig 2 × 2 Kps.).
  - Die chron. rez. Vaginalmykose bedarf vor der Ther. (sehr teuer!) einer Erregerabklärung auf Speziesniveau. Flukonazolempfindliche Erreger (C. albicans, parapsilosis, dubliniensis, tropicalis oder africana) werden zunächst mit 1 × 200 mg/d Fluconazol (Diflucan®) über 2 Wo. behandelt, eine sich anschließende Erhaltungsther. kann bis zu 20 Wo. mit einer Dosis von 200 mg/Wo. dauern. C. glabrata, krusei und guilliermondii werden mit 400 mg Voriconazol (Vfend®)/d für 2 Wo. therapiert (Off-label use). Ein orointestinaler Befall ist ebenfalls zu behandeln, kariöse Zähne sind zu sanieren. Die Mitbehandlung des Sexualpartners ist obligatorisch.

  - Sonderfall: In der Gravidität Canesten® GYN Vaginalcreme oder bei nicht azolempfindlichen Candidaspezies Batrafen® Puder.
- ♂: Batrafen® Creme oder Imazol Creme 2–3 ×/d bis zur Heilung, zur Rezidivprophylaxe 1–2 Wo. länger. Bei beginnender Phimose Zirkumzision empfehlenswert.

7.5.6 Pityriasis versicolor

Steckbrief

Oberflächliche Hefepilzinf. durch Malassezia globosa. Meist am Stamm. Im Winter bräunliche, nach UV Exposition weißliche Flecken mit kleieförmiger Schuppung. Bei Dunkelhäutigen häufig ausgedehnter Befall, klinisch aber kaum ausmachbar (WOOD-Licht!). Oft rezidivierend, da eine Disposition für die Inf. besteht.

Syn.: „Schwitzpilz“, Kleieflechte.

Therapie

- Clotrimazol-Duschlsg. (z.B. Cloderm®-Lsg.). Komplett einschäumen (auch Kopfhaar), 5 Min. einwirken lassen, abduschen, an 5 aufeinander folgenden d wiederholen. Nachbehandlung 1 ×/Wo. oder alle 14 d.
- Evtl. bei stark ausgeprägtem Befall: Itraconazol (-Sandoz®): 1 × 200 mg/d für 1 Wo.

7.6 Epizoonosen

7.6.1 Pediculosis capitis

Steckbrief

Meist bei Kindergarten- oder Schulkindern. Urtikarielle Papeln am Hals. Nissen meist retroaurikulär nachweisbar. Ggf. LK-Schwellung. Viele Träger sind asymptomatisch.

Syn.: Kopflausbefall.

Therapie

Allgemeine Maßnahmen (mit umstrittener Bedeutung):

- Kleidung und Bettzeug waschen und 30 Min. auf höchster Stufe trocknen oder heiß bügeln.
- 4 Wo. in Plastiktüte fest verschließen oder chemische Reinigung.
- Kämme und Bürsten 10 Min. in > 55 °C heißes Wasser einlegen, danach 1 h in Desinfektionsmittel legen (z. B. Sagrotan®).

Spezifische Maßnahmen:

- Ins feuchte Haar Permethrin (Infectopedicul Lsg.) geben, 30–45 Min. einwirken lassen, dann mit warmem Wasser auswaschen, 3 d die Haare nicht waschen. Prozedur nach ca. 1 Wo. wiederholen. Weitere Möglichkeit: 4%ige Dimeticon-Lsg. (Hedrin®) ins trockene Haar geben, 45 Min. einwirken lassen, dann mit Nissenkamm (z. B. Nisska®) durchkämmen, über Nacht belassen (> 8 h), morgens auswaschen, nach 1 Wo. wiederholen; einsetzbar nach dem 6. Lebensmonat, sowie in Schwangerschaft und Stillzeit.
- **Lösen der Nissen:** Bei Wimpern- und Augenbrauenbefall mechanische Entfernung der Läuse und Nissen nach Vorbehandlung mit Vaseline oder Anwendung von Hedrin®-Lsg.

> Öffentliche Einrichtungen (Kindergärten, Schulen) können einen Tag nach erfolgreicher Ther. (Tod aller Adulttiere!) besucht werden. „No nid policy" wurde aufgegeben.

7.6.2 Pediculosis vestimentorum

Steckbrief

Kleiderlausbefall, v. a. unter sehr schlechten hygienischen Umständen. Ausbildung von Quaddeln und Papeln.

Therapie

Allgemeine Maßnahmen wie Pediculosis capitis (☞ 7.6.1). Lokalther. mit Pyrethrin (Goldgeist® forte) 30–45 Min. einwirken lassen, danach auswaschen. Wdh. nach 1 Wo.

7.6.3 Pediculosis pubis

Steckbrief
Filzlausbefall. Im lichtmikroskop. Bild des „Matrosen am Mast". Kleine bläuliche Maculae im Genitalbereich.

Therapie
Wie Pediculosis vestimentorum (☞ 7.6.2).

7.6.4 Skabies

Steckbrief
Milbeninfestation, v.a. durch ungünstige Hygienebedingungen oder durch engen Kontakt. Typisch: Befall von Fingern und Handgelenken, periumbilikal, axillär, nächtlicher Pruritus, ekzemähnliche Morphe mit länglich ausgezogenen Papeln. Sonderform: Scabies crustosa (früher norvegica Boeckii), hochkontagiös, da milbenreich und **aerogene** Verbreitung, Gesicht- und Kopfhautbefall, Ekzemmorphe, ggf. wenig Pruritus, v.a. bei immunsupprimierten Menschen. BK bei Pflegepersonal nach Nr. 3101, Unfallmeldung vornehmen, sofort Ther. zu Lasten der BG (keine Genehmigung nach § 3 erforderlich!).
Syn.: Krätze.

Therapie
Allgemeine Maßnahmen: Täglicher Wechsel der Bett- und Oberbekleidung, möglichst chemisch reinigen oder für 5 d in Plastiksack stecken und in warme Umgebung (z.B. Heizungskeller) stellen.
Ther. bei Kindern (> 2 J.) und Erwachsenen: Permethrin (Infectoscab 5%)-Creme 1 × abends auftragen und morgens abduschen.
Ther. bei Schwangeren und Stillenden:
- Benzylbenzoat (Antiscabiosum 25%) auf die gesamte Haut abends an 3 aufeinander folgenden d auftragen, danach mit Wasser und Seife abduschen. Nicht bei Perubalsamallergie verwenden (Kreuzallergie!).

- Infectoscab 5% ist ebenfalls möglich. Vorher schriftliches Einverständnis einholen. Stillende Mütter sollten 3 d den Säugling nicht stillen.

Ther. bei Alten- und Pflegeheimbewohnern: Index-Pat. hat häufig eine Scabies crustosa; 10 d isolieren und kombinierte Lokal- und Systemther., die nach 10 d wiederholt werden sollte. Bei den übrigen Bewohnern genügt i.d.R. eine Lokalther.
Bei Therapieresistenz: Ivermectin (Stromectol®) 150 µg/kg KG als einmalige Gabe (≙ 12 mg). Bezug aus Frankreich über die internationale Apotheke (dauert einige d).

> **! TIPP** Nach abgeschlossener Ther. antiekzematöse Nachbehandlung, z.B. mit Dermatop® Salbe oder Alfason® Cresa über einige d. Trotz erfolgreicher Ther. kann der Pruritus manchmal 2–3 Wo. dauern, bei granulomatösen Formen auch länger. Versuch mit Physiogel® A.J. Lotion.

7.7 Tropendermatosen (Auswahl)

7.7.1 Larva migrans cutanea

Steckbrief

Nematodeninfestation mit verschiedenen tropischen Wurmlarven. Typische fadenartige rötliche Gänge, v.a. am Fußrücken; selbstlimitierend, da Mensch Fehlwirt, Pruritus möglich.
Syn.: Creeping eruption.

Therapie

Lokalther.: Lipophiles Tiabendazol-Gel 10% (NRF 11.130) 2–4 ×/d für 1 Wo. oder (kostengünstiger und schneller zu bekommen) hydrophile Metronidazol-Creme 2% (NRF 11.91) 3 ×/d für 2 Wo.
Systemther.: Ivermectin (Stromectol®) 1 × 12 mg oder Albendazol (z.B. Eskazol®) 400 mg/d über 3 d (bei ♀ vor, während und 1 Mon. nach Ther. wirksame Kontrazeption!).

7.7.2 Oxyuriasis

Steckbrief

Inf. mit Enterobia vermicularis. V.a. bei Kindern. Weltweit vorkommend. Typischer perianaler Pruritus. Nachweis von Wurmeiern im Tesafilmabriss. Die Untersuchung von Stuhl auf Würmer und Wurmeier ist nicht sinnvoll, da oft negativ!

Therapie

Pyrantelembonat (z.B. Helmex®) 10 mg/kg KG einmalig. Wiederholung nach 14 d.

7.7.3 Leishmaniase

Steckbrief

Inf. mit Leishmanien, die durch Sandmücken (sand flies) übertragen werden (☞ Tab. 7.6). Sandmücken bereits im Nordrheintal nachgewiesen!
Andere Übertragungswege: Transfusion, Schwangerschaft, Sexualverkehr, gemeinsamer Nadelgebrauch bei Drogenabhängigen.

Therapie

> Lokalther. nur bei lokaler kutaner Leishmaniase ausreichend. Bei der diffusen kutanen, der mukokutanen und viszeralen Form immer Systemther. erforderlich! Vorher Erregerbestimmung (PCR, Kultur, Direktpräparat aus Hautbiopsie bei kutaner Leishmaniase, aus Material einer KM-Stanze bei viszeraler Leishmaniase).

Tab. 7.6 Klinik der Leishmaniase

Leishmaniaseform	Klinik
Kutane Leishmaniase Syn.: Aleppobeule, Orientbeule	Zunächst juckende Papel, die zentral ulzerieren kann

Tab. 7.6 Klinik der Leishmaniase (Forts.)

Leishmaniaseform	Klinik
Viszerale Leishmaniase Syn.: Kala-Azar	Disseminierte dunkelrote Papeln der Haut. Hepatosplenomegalie, Fieber, Haut- und Schleimhautblutungen
Mukokutane Leishmaniase Syn.: Espuñdia	Ulzera im Gesicht, später Ausbreitung auf Nasen-Rachenraum

- Kutane Leishmaniase der Alten Welt, die schon mehrere Mon. besteht: Abwarten der Spontanheilung (Narbenbildung!).
- **Physikalisch:** Infrarottherapie 1–2 × auf 55 °C über 5 Min. erwärmen. Ggf. nach 3 Wo. wiederholen.
- **Lokal:** trockene Läsion Paromomycinsulfat 15,0, Methylbenzethoniumchlorid 12,0 in Vaselinum album ad 100,0 2 ×/d über 2–3 Wo.; feuchte Läsion an Stelle von Vaseline Ungt. Cordes®. Bei Bezugsschwierigkeiten kann Methylbenzethoniumchlorid durch Harnstoff 10% ersetzt werden. Intraläsionale Injektionen von Antimon wie Meglumin-Antimonat (Glucantim®) 1–3 ml; Wdh. nach 3 d. Cave: Schmerzhaft! Bei Kdrn. schlechtes Ansprechen.
- **Therapie der 1. Wahl (stationär):** Liposomales Amphotericin B (AmBisome®) i.v. als Infusion über mehrere h (Gesamtdosis 20–30 mg/kg KG verteilt auf ≥ 5 ED von 3–4 mg/kg KG über einen Zeitraum von 10–21 d); möglich auch bei Schwangeren und Transplantatempfängern. Kontrolle: E'lyte und Nierenfunktion alle 2 Wo.
- **Therapie der 2. Wahl (evtl. ambulant):** Miltefosine (Impavido®) 1,5–2,5 mg/kg KG/d p.o. für 4 Wo. Kontrolle: Transaminasen und Nierenfunktion 1 ×/Wo.

! **TIPP** Repellenzien und Schlafräume in höheren Stockwerken bieten Schutz vor Sandmücken. Hotelzimmer in höheren Stockwerken buchen! Moskitonetz mit einer Maschengröße < 0,5 mm.

8 Systemische Erkrankungen mit Hautbeteiligung

8.1 Hautveränderungen bei Stoffwechselstörungen oder Mangelzuständen (☞ Tab. 8.1)

Tab. 8.1 Stoffwechselstörungen / Mangelzustände mit Hautsymptomen

Stoffwechselstörung	Hautsymptom	Klinik	Therapie
Purinstoffwechsel (Gicht)	Tophi	Schmerzlose subkutane Knötchen an Ohrhelix, Finger- und Zehengelenken	Exzision, wenn störend; Ther. der Stoffwechselstörung
Fettstoffwechsel	Xanthelasmata palpebrarum	Gelbliche Auflagerungen auf Augenlidern, < 50% d. F. mit Fettstoffwechselstörung assoziiert	Exzision oder Laser-Ther. mit Erbium:YAG-Laser, hohes Rezidivrisiko
	Xanthome	An Sehnen, palmar, disseminiert oder diffus auftretende Fettablagerungen; immer mit Fettstoffwechselstörung assoziiert	Exzision, wenn störend, da nicht reversibel trotz Ther. der Fettstoffwechselstörung

Tab. 8.1 Stoffwechselstörungen, Mangelzustände mit Hautsymptomen (Forts.)

Stoffwechselstörung	Hautsymptom	Klinik	Therapie
Sphingolipidosen	Angiokeratoma corporis diffusum	Disseminierte schwarzblaue, ca. 2 mm große Papeln ab der Pubertät; später verschiedene Organsymptome	Abtragung der Angiokeratome mit Laser (Argon, Farbstoff, Kupfer-Bromid); Schmerzther., Enzymsubstitution mit Agalsidase β (Fabrazyme) 1 mg/kg KG i.v. alle 2 Wo. oder α (Replagal) 0,2 mg/kg KG i.v. alle 2 Wo. (zugelassen ab 7 J.)
Aminosäurestoffwechsel	Phenylketonurie	Blonde Haare, helle Haut, blaue Augen, Lichtempfindlichkeit, Ekzemneigung, geistige Retardierung, Epilepsie	Phenylalanin-arme Diät, Hautpflege mit Ölbädern und Lipolotiones

Tab. 8.1 Stoffwechselstörungen/Mangelzustände mit Hautsymptomen (Forts.)

Stoffwechselstörung	Hautsymptom	Klinik	Therapie
Glykosaminoglykanstoffwechsel	Lichen myxoedematosus, Skleromyxödem (bei Plasmozytom)	Disseminierte linsengroße hautfarbene Papeln, ggf. Verhärtung der ges. Haut (Skleromyxödem)	Ther. des Plasmozytoms; ggf. extrakorporale Fotopherese (☞ 3.5), ggf. PUVA-Bad-Fotother. (☞ 3.3.2)
	Retikuläre erythematöse Muzinose (REM)	Flächige, hellrote Erytheme an belichteten Arealen, oft Decolleté	Lichtschutz; Versuch mit Chloroquin (z. B. Resochin®) 250 mg/d über 1 Mon., dann 125 mg/d für 4–8 Wo., lokal z. B. Alfason® Cresa oder Protopic® 0,1% Salbe 2 ×/d
	Diffuses Myxödem (bei Hypothyreose)	Gelbliche Hautfarbe, wachsartige Induration der Akren, Handrücken und Gesicht, Alopezie	Hormonelle Substitution
	Prätibiales Myxödem (bei Hyperthyreose)	Polsterartige, orangenartige Plaques an den Unterschenkelinnenseiten	Ther. der Hyperthyreose, Kompressionsverbände, Lymphdrainage, Karison® Creme okklusiv, evtl. auch intraläsionale Gabe (z. B. Triam® Injekt 10 mg)

Tab. 8.1 Stoffwechselstörungen/Mangelzustände mit Hautsymptomen (Forts.)

Stoffwechselstörung	Hautsymptom	Klinik	Therapie
Amyloidosen (v.a. bei Asiaten und Afrikanern)	Lichen amyloidosus	Warzige Papeln an den Unterschenkelstreckseiten, starker Pruritus	Lokale Glukokortikoide (z.B. Alfason® Cresa, Karison® Creme) 2 ×/d, zusätzlich Unterspritzung (z.B. Triam® Injekt 10 mg in Scandicain® 1% 1 : 3) 2 ×/Wo., Protopic® 0,1% Salbe 2 ×/d, Psorcutan® Salbe 2 ×/d Bei Therapieresistenz: Acitretin (Neotigason®) initial 0,5 mg/kg KG über 3 Mon. später 0,1–0,25 mg/kg KG als Erhaltungsther.
Kalzinosen	Calcinosis metabolica (Teilsymptom bei verschiedenen Erkr., z.B. PSS, CREST, Dermatomyositis, SLE)	Steinharte Kalkablagerung, ggf. perforierend mit Entzündung und starker Schmerzhaftigkeit, v.a. Fingerbeeren und Ohrränder	Kürettage oder Exzision, bei starker Entzündung Antibiotikagabe, z.B. Gyrasehemmer (z.B. Ciprofloxacin Sandoz® 2 × 500 mg/d)
Eisenmangel		Haar- und Nagelwachstumsstörungen, Zungenbrennen, Gingivitis	Eisensubstitution (z.B. ferro sanol® duodenal) 2 × 50–100 mg/d

Tab. 8.1 Stoffwechselstörungen / Mangelzustände mit Hautsymptomen (Forts.)

Stoffwechselstörung	Hautsymptom	Klinik	Therapie
Zinkmangel	Akrodermatitis enteropathica	Vesikulöse und pustulöse Veränderungen an den Akren, Haarausfall, Glossitis, Stomatitis, Diarrhoe	Zinksubstitution (z.B. Unizink® 50) 50–100 mg/d über mehrere Wo.
Porphyrien	Porphyria cutanea tarda	Blasenbildung an Hand- und Fingerrücken, Verletzlichkeit der lichtexponierten Areale, Fehlpigmentierung, nachdunkelnder Urin	Meidung von Auslösern (Alkohol, Kontrazeptiva), Aderlass alle 2 Wo. über 2 Mon. 500 ml, dann 1 ×/Mon. bis Hb max. 10 mg/dl, alternativ oder in Kombination Chloroquin 125 mg 2 ×/Wo. über 6–18 Mon., Lichtschutz z.B. Anthélios XL 50+

8.2 Lupus erythematodes (LE)

Chron., durch exogene Mechanismen provozierte (Licht, Irritation) Hauterkr., die auf autoimmunologischen Mechanismen basiert.

8.2.1 Lupus erythematodes integumentalis

Steckbrief

Langsam wachsende Erytheme mit Follikelkeratosen und zentraler Vernarbung, v.a. im Gesicht und an belichteten Arealen (diskoider LE). Ggf. anulär-polyzyklische oder psoriasiforme Veränderungen an den Extremitäten, die in 70% durch UV-Licht ausgelöst sind (subakuter LE).

Therapie

- Meiden auslösender Noxen, v.a. konsequenter Lichtschutz (textiler Lichtschutz, Hut und Verwendung von Lichtschutzpräp., z.B. Daylong® 50 extreme).
- Abdecken befallener Herde mit Camouflage (z.B. Dermacolor®).
- Anwendung lokaler Steroide (z.B. Alfason® Cresa 2 ×/d), Versuch mit Protopic® 0,1% Salbe oder Elidel® 1% Creme 2 ×/d oder intraläsionale Kristallsuspension (z.B. Triam® Injekt 10 mg in Scandicain® 1% 1 : 2, 1 ×/Mon.).
- Am Kapillitium Verwendung von steroidhaltigem Schaum (z.B. Deflatop® 0,1% Schaum / Clarelux®).
- Systemther.: Bei disseminiertem Befall, fehlendem Ansprechen der Lokalther.:
  - Chloroquin (z.B. Resochin®) 125–250 mg/d (max. 3,5–4 mg/kg IKG/d), je nach Ansprechen, alternativ Hydroxychloroquin (Quensyl®) 200 mg/d (max. 6–6,5 mg/kg IKG/d); Rauchverbot!
  - Bei fehlendem Ansprechen Kombination mit Prednisolon (z.B. Decortin® H) 2,5–7,5 mg/d p.o.
  - Bei sehr ausgedehntem Befund oder mangelhaftem Ansprechen Steroidstoßther.: Beginn mit Prednisolon 100 mg/d (z.B. Solu-Decortin® H). Langsam ausschleichen, Erhaltungsdosis: 10–20 mg/d (z.B. Decortin® H), ggf. in Kombination mit Azathioprin 50–100 mg/d (z.B. Imurek®).
- Kryochirurgie oder Laser-Ther. (Argon- oder gepulster Farbstofflaser mit 585 nm) einzelner Herde.
- Bei arthritischen Beschwerden: Diclofenac 50–150 mg/d (z.B. Voltaren® Tbl.), evtl. COX_2-Hemmer Celebrex® 2 × 100 mg (nur kurzzeitig!).

8.2.2 Systemischer Lupus erythematodes (SLE)

Steckbrief

„SLE can do everything but not everything is due to SLE." Neben verschiedenen Hautveränderungen bestehen variable Beteiligungen anderer Organe (z.B. Niere, Lunge, Herz, ZNS, hämatopoetisches System, Gelenke) sowie Nachweis von

Auto-AK (z. B. gegen Doppelstrang-DNA). Bei **Dunkelhäutigen** sind renale und neurologische Beteiligung häufiger. Oft schubartiger Verlauf. Ggf. Induktion durch bestimmte Medikamente.

Therapie

Die Ther. richtet sich nach Krankheitsaktivität (Schub- oder Ruhephase), Ausdehnung und befallenen Organen.

- **Allgemeine Maßnahmen:** Lichtschutz, Camouflage, körperliche Schonung im Schub. Ggf. Umsetzung auslösender Medikamente.
- **Geringe Organbeteiligung:** Chloroquin (z. B. Resochin®) 125–250 mg/d, je nach Ansprechen, alternativ Hydroxychloroquin (Quensyl®) 400 mg/d; ggf. in Kombination mit Prednisolon (z. B. Decortin® H) 5–10 mg/d p.o.
- **Mäßige Organ-, jedoch keine ZNS-, Herz-, Nierenbeteiligung:** Syst. Steroide wie Prednisolon 5–20 mg/d (z. B. Decortin® H), ggf. in Kombination mit Azathioprin 50–150 mg/d (z. B. Imurek®).
- **Bei fehlendem Therapieerfolg:** MTX 15–25 mg/Wo. (z. B Lantarel®) als Monother. oder in Kombination mit Prednisolon 5–10 mg/d (z. B. Decortin® H).
- **Hohe Krankheitsaktivität mit Polyserositis, ZNS-, Herz-, Nierenbeteiligung:**
  - Steroid-Stoßther.: Beginn mit Prednisolon 500–1000 mg/d (z. B. Solu-Decortin® H) an 3 aufeinanderfolgenden d in 500 ml 0,9% NaCl-Lsg. innerhalb von 45 Min. Reduktion binnen weniger d auf 10–30 mg/d (z. B. Decortin® H) → an Klinik und Labor orientieren, ggf. in Kombination mit Azathioprin 50–150 mg/d (z. B. Imurek®).
  - Bei fehlendem Therapieeffekt, schwerer Nieren- und/oder ZNS-Beteiligung: Cyclophosphamid (z. B. Endoxan®) als Stoßther. 500–1000 mg/m² KOF oder:
  - Plasmapherese (60 ml/kg KG) an 3 aufeinander folgenden d mit anschließendem Cyclophosphamid-Stoß (750 mg/ m² KOF) alle 4 Wo. Zwischen den Zyklen Steroide wie nach Steroid-Stoßther.

- Zusätzlich oder alternativ: Versuch mit 7S-Immunglobulinen (z.B. Venimmun® N) initial 1 g/kg KG an 2 aufeinander folgenden d alle 6 Wo.

8.3 Antiphospholipid-Syndrom

Steckbrief

Auftreten von Antikardiolipid-Antikörpern und Lupusantikoagulans mit Thrombosen, Embolien, rez. Aborten. Livedo racemosa sehr häufig (jeder 4. Pat.), Alarmfunktion!, v.a. ♀.

Therapie

Bei Pat. mit Antikardiolipid-AK zur Prophylaxe 75–100 mg ASS/d, in der Gravidität zusätzlich Heparin (z.B. Fraxiparin 1 ×/d s.c.), da Thromboserisiko erhöht.
Nach thromboembolischem Geschehen: Markumarisierung unter INR-Kontrolle (INR ≥ 3) langfristig/lebenslang.

8.4 Zirkumskripte Sklerodermie

Steckbrief

Auf die Haut beschränkte entzündliche Bindegewebserkr. unklarer Genese mit postentzündlicher Sklerose.
Fleckförmige Erytheme breiten sich zentrifugal aus (Lilac-Ring) und hinterlassen indurierte Plaques mit atropher Oberfläche.
Syn.: Morphaea.

Therapie

Kausalther. ist nicht bekannt.

- **UV-Ther.** zeigt höchste Wirksamkeit.
  - Isolierte Plaques: PUVA-Creme-Ther.
  - Ausgedehnte Veränderungen : UVA_1-Fotother. (nur in spezialisierten Zentren), wenn UVA_1 nicht verfügbar:
  - PUVA-Bad-Fotother.
  - Vit.-D_3-Analoga z.B. Psorcutan® Creme 2 ×/d.
- **Lokale Steroide:** Bei umschriebenen Herden z.B. Ecural® Fettcreme 2 ×/d auf die Herde aufbringen, ggf. zusätzliche

Unterspritzung des aktiven Randsaumes mit Triam® Injekt 10 mg in Scandicain® 1% 1 : 3 1 ×/Wo.
- **Physikalische Ther.:** Vor allem wenn Bewegungseinschränkungen vorliegen oder lineare Herde über Gelenke ziehen (Lymphdrainage, Massage, Krankengymnastik mehrfach wöchentlich über Mon.).

8.5 Progressive systemische Sklerodermie (PSS)

Steckbrief

Autoimmunerkr. unklarer Genese mit Fibrosklerose von Haut, inneren Organen und Gefäßen. Sehr variabel verteilter Organbefall: Oft Lungenfibrose (pulmonale arterielle Hypertonie!) und Ösophagussklerose sowie Raynaud-Sy. Stammsklerosetyp zeigt oft rasches Fortschreiten und ausgedehnten Organbefall.

Therapie

- **Allgemeine Maßnahmen:**
  - Schutz vor Kälte: Handschuhe, Taschenöfchen, Wärmepackungen (z.B. Lavatherm®).
  - Leichte körperliche Betätigung, v.a. zur Erhaltung der manuellen Beweglichkeit.
  - Absolute Nikotinkarenz.
  - Physikalische Ther. wie bei zirkumskripter Sklerodermie (☞ 8.4).
  - Kneten der Hände in warmer Hirse (kann in Mikrowelle aufgewärmt werden).
  - 1×/J. Herzecho mit Bestimmung des syst. pulmonalen arteriellen Druckes.
- **Immunsuppressive Ther.** (v.a. bei Stammsklerosetyp erforderlich).
  - **Steroidstoßther.:** Beginn mit Prednisolon 100 mg/d (z.B. Solu-Decortin® H). Langsam ausschleichen. Erhaltungsdosis 5–20 mg/d (z.B. Decortin® H), ggf. in Kombination mit Azathioprin 50–150 mg/d (z.B. Imurek®). Kortikoide sollten wegen des nierenschädi-

genden (!) Potenzials zurückhaltend eingesetzt werden.
  - **Therapieversager:** Cyclophosphamid (z.B. Endoxan®) 2 mg/kg KG/d bei hochaktiven Verläufen, ggf. in Kombination mit Steroiden.
- **Vasoaktive Substanzen:**
  - Bei Raynaud-Sy.: Amlodipin oder Felodipin Sandoz® 10 mg/d, isoket® Salbe 2 ×/d (kann mit Basiscreme DAC zur besseren Verträglichkeit verdünnt werden, Nitratkopfschmerz: fragliche Wirkung!).
  - ACE-Hemmer (z.B. Lopirin®) 12,5–100 mg/d verbessern die renale Prognose.
- **Symptomatische Ther.:**
  - **Haut:** Bei Durchblutungsstörungen Pentoxiphyllin (z.B. Trental® Tbl. 600 mg/d) oder Iloprost-Infusionen (z.B. Ilomedin®) 0,5–2 ng/kg KG/d über 6 h, rückfettende Externa (z.B. Alfason® Basis Cresa, Avène Trixera® Creme), bei Rhagaden: Hydrokolloid-Verband (z.B. Varihesive® Extradünn).
  - **Ösophagus:** Protonenpumpeninhibitoren (z.B. Ome-Puren® 20–40 mg/d).
  - **Lunge:** Versuch mit inhalativen Steroiden (z.B. Pulmicort® Turbohaler, 2 × 1 Hub/d), pulmonale arterielle Hypertonie Ther. mit Bosentan (Tracleer®) 62,5 oder 125 mg/d bzw. Sildenafil (Revatio®) 3 × 20 mg/d.
  - **Trockene Augen:** Sicca-Protect®, Liquifilm® Augentropfen.
  - **Trockener Mund:** Speichelfördernde Kaugummis (z.B: Wrigley's® extra), Saseem®-Mundspray zur Reduktion von Kariesbildung und zur Verhütung einer Gingivitis.

8.6 Dermatomyositis

Steckbrief

Seltene Autoimmunerkr. mit Dermatitis und segmentaler Nekrose der quergestreiften Muskulatur. Typisches fliederfarbenes Erythem des Gesichts, hyperkeratotische Fingerrückenpapeln (Gottron-Papeln), Hyperkeratose des Nagelfalzes (druckschmerzhaft, Keining-Zeichen) und Schwäche bestimmter Muskelgruppen. Man unterscheidet eine juvenile von einer adulten Form. Letztere ist in ca. 30% paraneoplastisch.

Therapie

- **Allgemeine Maßnahmen:**
  - Tumorsuche, da bei Beseitigung einer ggf. zugrunde liegenden Erkr. Dermatomyositis ausheilt (V.a. Ovarial- und Bronchial-Ca.).
  - Konsequenter Lichtschutz.
  - Rückfettende Externa, z.B. Zarzenda® Creme.
  - Proteinreiche und NaCl-arme Kost.
- **Steroide:** Vorher Abklärung Tbc! Prednison (z.B. Decortin®) initial wenigstens 1 mg/kg KG, nach 3–4 Wo. langsame Reduktion über 10 Wo. bis auf 1 mg/kg KG jeden 2. d. Bei Ansprechen und keinen ernsten NW Dosisreduktion um 5 oder 10 mg alle 3–4 Wo., bis die Dosis erreicht ist, die morbostatisch wirkt. Wenn nach 3 Mon. Hochdosisther. kein Erfolg (cave: Steroidinduzierte Myopathie):
- Azathioprin (Imurek®) bis zu 3 mg/kg KG/d.
- **Bei fehlendem Ansprechen:** MTX (z.B. Lantarel®) oder als nächste Stufe Cyclophosphamid (Endoxan®) 100 mg/d oder als Stoßther. 0,5–1 mg/m^2 KOF alle 4 Wo.
- Zusätzlich, ggf. zur Einsparung von Immunsuppressiva: Immunglobuline (z.B. Venimmun® N) 2 g/kg KG an 2 aufeinander folgenden d alle 4–6 Wo.
- Prophylaxe der glukokortikoidinduzierten Osteoporose (wenn Prednisondosis > 7,5 mg/d und länger als 3 Mon.):
  - ♂ und prämenopausale ♀: Zeitgleich Calcium (1000–1500 mg/d) und Vit-D_3 (400–800 IU/d) z.B. Calcium-Sandoz® D Osteo 2 × 1 Tbl./d.
  - Postmenopausale ♀: Zeitgleich zusätzlich noch Risedronat (Actonel®) 35 mg/Wo. (morgens nüchtern 30 Min. vor dem Essen in aufrechter Körperhaltung mit Wasser einnehmen) über 2–3 J.
- Die Glukokortikoidempfindlichkeit des Knochens ist interindividuell sehr unterschiedlich! Deshalb kann keine

generelle Empfehlung für die Gabe von Bisphosphonaten ausgesprochen werden.

> Wenn sich unter Ther. die Muskelkraft verbessert, sinkt parallel der CK-Wert. Die Umkehrung dieser Aussage ist nicht immer richtig. Die Ther. richtet sich also nicht nach dem CK-Wert, sondern orientiert sich an der Klinik!

8.7 Mischkollagenose

Steckbrief

Mischerkr. mit Teilsymptomen von PSS, Dermatomyositis und LE. Nachweis von U1-RNP-Antikörpern.
Syn.: Mixed connective tissue disease, Sharp-Sy., Overlapping-Sy.

Therapie

Behandlung nach den Richtlinien der Ther. der vorherrschenden Erkr. (s.o.), konsequenter Lichtschutz.

8.8 Sjögren-Syndrom

Steckbrief

Durch Drüseninsuffizienz ausgelöste Trockenheit aller Schleimhäute (trockenes Auge, Xerostomie, Dyspareunie). Entweder primär oder sekundär bei anderen Kollagenosen, bei primär biliärer Zirrkose, Lungenfibrose.
Syn.: Sicca-Sy.

Therapie

- Ther. der ggf. zugrunde liegenden Kollagenose.
- Symptomatisch:
  - **Xerophthalmie:** Visine® Trockene Augen, Liposic® Augengel.
  - **Xerostomie:** Zuckerfreie Pfefferminzkaugummis (z.B. Wrigley's® extra), künstlicher Speichel (z.B. Saseem® Mundspray), Systemther. mit Bromhexin 3 × 8–16

mg/d zur Förderung der Speichel- und Tränensekretion, auch in Schwangerschaft und Stillzeit möglich.
- **Trockene Scheide:** Vaginalgel vor dem Geschlechtsverkehr (z.B. Vaginalgel pH5 NRF 25.3).
- Luftbefeuchter in der Wohnung, Verstellen des Gebläses im Auto.

8.9 Lichen sclerosus et atrophicans

Steckbrief

Autoimmunerkr. der Haut und/oder der genitalen Schleimhäute. Typische plaqueförmige porzellanartige Verhärtung der Haut/Schleimhaut. Maligne Entartung möglich.

Therapie

Kombination verschiedener Ther. möglich.

- Schutz vor traumatischen Einflüssen, subtile Hautpflege (z.B. mit Physiogel® Body Lotion).
- Steroidhaltige Externa (z.B. Ecural® Fettcreme 1 ×/d oder Alfason® Cresa 2 ×/d auf die betroffenen Herde auftragen).
- Steroidhaltige Kristallsuspensionen intraläsional (z.B. Triam® Injekt 10 mg in Scandicain® 1% 1 : 3, 1 ×/Wo. über mehrere Wo.).
- Bei ausgedehntem Hautbefall: PUVA-Bad-Fotother. (☞ 3.3.2).
- Bei Genitalbefall:
  - Protopic 0,1% Salbe 2 ×/d (Reaktivierung einer HPV-Infektion möglich bei längerer Anwendung) oder hochpotentes Steroid z.B. Karison® Creme 1 ×/d.
  - Versuch mit Kryochirurgie oder CO_2-Laser bei Kraurosis vulvae, Vulvektomie als Ultima Ratio.

9 Hauterkrankungen durch physikalische und chemische Noxen, Pigmentierungsstörungen

9.1 Physikalische Hautschädigung

9.1.1 Perniones

Steckbrief

V.a. an Fingern und Zehen bläulich teigige Schwellung, ggf. Blasenbildung. In der kalten Jahreszeit bei ♀ gehäuft auftretend.

Syn.: Frostbeulen.

Therapie

- Allmähliches Erwärmen (keine schlagartige Wärmeapplikation), z.B. durch Bäder mit ansteigenden Temp. Bei stärkerer Entzündung Steroidcremes (z.B. Dermatop® Creme, Alfason® Creme) anwenden, Versuch mit Ichtholan® Salbe 50%.
- Offene Läsionen mit Jodsalbe (z.B. Braunovidon® Salbe), Oleo Tüll® Gaze und sterilem Verband abdecken.
- Schutz vor Kälte!

9.1.2 Radioderm

Steckbrief

HV durch chron. Exposition mit radioaktiven Isotopen oder durch Strahlenther.

Therapie

- **Akute Radiodermatitis:** Abtragen von Erosionen. Verband mit Bepanthen®-Salbe und Oleo Tüll® Gaze.
- **Chron. Radiodermatitis:** Möglichst trockene Ther., Läsion mit Bepanthen®-Salbe abdecken (dünn anwenden, um Mazeration zu verhindern), Umgebung mit Pasta zinci mollis abdecken. Maligne Entartung möglich.

9.1.3 Kallus/Klavus

Steckbrief

Druckinduzierte Akanthombildung. Oft an den Füßen bei Fußfehlstellungen.
Syn.: „Hühnerauge", Druckschwiele.

Therapie

Wichtigste Maßnahme: Druckentlastung (z.B. durch Silikon-Zehenspreitzer). Nach Druckentlastung Ablösen des Akanthoms z.B. mit Guttaplast® Pflaster (genau auf Akanthom kleben, z.B. mit Omnitape fixieren, über 24 h belassen, dann Hornhaut abtragen, ggf. erneute Behandlung).
Fußpflegerische Weiterbetreuung, ggf. Vorstellung beim Orthopäden.

9.1.4 Decubitus

Steckbrief

Druckbedingte Gewebeschädigung, v.a. im Steißbeinbereich bei immobilen Pat. Unterschiedliche Tiefenausdehnung (von Erosion über Geschwür bis Knochenfreilegung).

Therapie

Druckentlastung (häufiges Umlagern, Spezialmatratze, Mobilisierung so weit möglich).
Feuchte Wundbehandlung (z.B. mit Hydrokolloiden, z.B. Varihesive®, Varihesive®-Cavity), Verband alle 2–3 d wechseln, Verflüssigungsmaterial kann abpunktiert werden. Vor dem Verbandswechsel Wunde mit Lavasept® reinigen. Nekrosen z.B. mit Curette Stiefel® abtragen. Wundränder mit Pasta zinci mollis abdecken.
Wundverschluss nach ausreichender Granulation abwarten.

9.1.5 Dermatitis solaris

Steckbrief

Flächiges Erythem nach UV-Exposition, ggf. Blasenbildung und Ulzeration möglich.

Syn.: Sonnenbrand.

Therapie

- Sofort jede weitere UV-Exposition meiden, kühlen (z.B. mit feuchtem Leinentuch), viel trinken.
- Flächiges Auftragen von steroidhaltigen Lotiones (z.B. Advantan® Milch, Alfason® Crelo).
- Bei ausgedehntem Befall und/oder Blasenbildung: ASS 500 mg 2–3 ×/d über 2–3 d.
- Bei schwersten Veränderungen: Syst. Steroide (z.B. Decortin® H 100 mg/d), rasch ausschleichen (binnen weniger d).
- Zusätzlich: Vit. C (z.B. Cebion® Brausetbl.) 2 × 1 g/d (Magenschutz bedenken).
- Stat. Einweisung bei älteren Menschen und Kdr. mit schwerer Dermatitis solaris (Fieber, Flüssigkeitsverlust).

9.1.6 Polymorphe Lichtdermatose

Steckbrief

Meist nach erster Sonnenexposition auftretende HV (erythematös, papulös, vesikulös, urtikariell oder akneiform), an einem Individuum **mono**morphe Ausprägung.
Syn.: „Sonnenallergie".

Therapie

Weitere UV-Exposition meiden. Lichtschutzpräp. einsetzen (z.B. Daylong® 50 extreme) Anwendung lokaler Steroide (z.B. Ecural® Fettcreme). Bei schwersten Veränderungen syst. Steroide (z.B. Decortin® 50 mg/d über wenige d, rasch ausschleichen).
Bei chron. Verlauf und schwerster Beeinträchtigung: Resochin® 250 mg/Wo. über mehrere Wo. bis Mon. (Wirkung umstritten!) oder Ciclosporin A (Sandimmun®) 1–2 ×/J. 3–4 mg/kg KG/d für 2–4 Wo., 1 Wo. vor Reisebeginn anfangen.

Prophylaxe

Langsame „Gewöhnung" an die Sonne. Auch vorbeugende UV-Ther. 1 Mon. vor natürlicher Sonnenexposition in suberythematösen Dosen (z.B. 15 UVA-Bestrahlungen und 10 UVB-Bestrahlungen, langsam steigern).

Mallorca-Akne

Steckbrief
Akneiforme Variante der polymorphen Lichtdermatose mit follikulären Papeln und Pusteln an talgdrüsenreichen Arealen.

Therapie
Meiden fettiger Lichtschutzpräp. (besser Gele, z.B. Ilrido®-Gel) dünn auftragen (2 mg/cm^2 Haut) und eintrocknen lassen, nicht einreiben, da verminderte Wirkung. Isotrex® Gel 1 ×/d auftragen (keine weitere UV-Exposition).
Bei Pustulation Minocyclin (z.B. Skid®) 2 × 50 mg/d über 4 Wo.

9.1.7 Hidroa vacciniformia

Steckbrief
Narbig heilende UVA-bedingte rez. Erkr. im Kindesalter meist im Gesichts- oder Handrückenbereich, sehr selten. Spontanes Abklingen im Laufe der Pubertät.

Therapie
Verwendung hoher Lichtschutzpräp. (z.B. Anthélios® XL 50+); PUVA-Hardening präsaisonal ☞ 3.4. Bei schwersten Veränderungen Einsatz syst. Steroide (z.B. Decortin® 50 mg, langsam ausschleichen).

9.1.8 Lichturtikaria

Steckbrief
UV-induzierte Urtikaria.

Therapie
PUVA-Ther. ☞ 3.3.
Alternativ: UVA- oder UVB-Bestrahlungen in aufsteigender Dosierung oberhalb der minimalen urtikariellen Dosis.

9.1.9 Fototoxische Dermatitis

Steckbrief

Durch verschiedene fototoxische Pflanzen (z.B. Johanniskraut, Herkules-Staude, Wiesengräser) oder fototoxische Kosmetika oder Parfüme ausgelöste HV. Meist strichförmige Erytheme mit Bläschenbildung einige h nach UV-Exposition.

Therapie

Lokale Steroidpräp. (z.B. Advantan® Milch) über wenige d. Bei Superinf. Umschläge mit Chinosol®-Lsg. Evtl. kurzzeitiger Einsatz z.B. von Prednisolon (Decortin® H) 60 mg/d.

9.1.10 Fotoallergische Reaktionen

Steckbrief

Durch UV-Exposition induzierte allergene Potenz eines Kontaktstoffes. Es treten HV auf, die Ekzemcharakter haben (Erythem, Ödem, Papel).

Therapie

Meiden des auslösenden Allergens und UV-Exposition. Zunächst lokale Steroide (z.B. Alfason® Cresa). Bei schweren Reaktionen auch syst. Steroide (z.B. Solu-Decortin® H), Beginn mit 100 mg/d i.v., rasche Umstellung auf orale Applikation und Dosisreduktion.

Prognose

Gefahr der Entstehung einer persistierenden Lichtreaktion oder eines aktinischen Retikuloids → dauerhafter Lichtschutz erforderlich.

9.2 Chemische Hautschädigung

9.2.1 Verätzungen

Steckbrief

- Laugenverätzung: Unscharf begrenzt, langsam weiter fortschreitend.

- Säureverätzung: Scharf begrenzt.

Therapie
Nach Verätzung Kleidung und Laugen-/Säurereste entfernen, Spülen mit reichlich Wasser; antiseptische Lokalther. (z.B. Chinosol®-Lsg.); Tetanusprophylaxe. Bei großflächiger Verätzung stat. Aufnahme und Ther. wie bei großflächiger Verbrennung ☞ 6.2.

9.3 Pigmentstörungen (Auswahl)

9.3.1 Chloasma

Steckbrief
In allen Ethnien vorkommende umschriebene Hyperpigmentierungen im Gesicht, v.a. bei ♀ (am häufigsten Fototyp IV + V). Auslöser: Genetische Ursachen, Schwangerschaft, Hormonther. (orale Kontrazeptiva, Schilddrüsenhormone), fototoxische Medikamente, Kosmetika, primär biliäre Zirrhose.
Syn.: Melasma.

Therapie
Auslösende Substanzen absetzen, UV-Exposition meiden, Verwendung von Lichtschutzpräp. (z.B. Daylong® 50 extreme). Lokale Anwendung von depigmentierenden Substanzen (z.B. Skinoren® Creme/Gel), Versuch mit Active C XL® Tagescreme.

9.3.2 Lentigo solaris

Steckbrief
An lichtexponierten Stellen bei älteren Menschen auftretende makuläre Hyperpigmentierung.
Syn.: Altersfleck.

Therapie
Auf Wunsch des Pat. Entfernung mit Laser (☞ 4, z.B. Ruby-Laser), Kryother., chemical peeling.

9.3.3 Vitiligo

Steckbrief

Entstehung konfluierender depigmentierter Flecken. Oft psychisch stark beeinträchtigend (Depressionen, Suizidgedanken!). Geht nicht selten einer Autoimmunthyreoiditis (Anti-TPO-Spiegelbestimmung!) voraus. Bei **Dunkelhäutigen** abweichend zonaler Aufbau der Flecken.
Prognose: individuell stark unterschiedlicher Verlauf.
Syn.: Weißfleckenkrankheit.

Therapie

Wegen ausgeprägter psychischer Beeinträchtigung der Betroffenen besteht oft starker Therapiewunsch. Die zur Verfügung stehenden Therapieformen sind jedoch zumeist wenig erfolgreich:

- **Bestrahlungsverfahren:** Ziel ist es, die Pigmentzellen wieder in depigmentierte Areale zu locken. UVB-311 nm-Ther. 5–7 ×/Wo. über 6–12 Mon.
- Vit.-D_3-Analogon: Calcipotriol (z.B. Daivonex® Creme) 2 ×/d, Calcineurininhibitor: Tacrolimus (Protopic® 0,1%) 2 ×/d.
- Camouflage, Selbstbräuner.
- Ther. bei **dunkelhäutigen** Menschen:
  - Bei Kdr. Steroide der Kl. III (z.B. Ecural® Fettcreme) oder IV (z.B. Dermoxin® Creme) 1 ×/d.
  - Bei Erw. zusätzlich vorsichtiges Betupfen mit flüssigem Stickstoff, wenn nach 3 Mon. keine Repigmentierung, UVB-Bestrahlung 2–3 ×/Wo. bis zu 12 Mon.

10 Tumoren der Haut

10.1 Naevi

Steckbrief

Gruppe verschiedenartiger angeborener oder erworbener Fehlbildungen der Haut (☞ Tab. 10.1).

Therapie (☞ Tab. 10.1)

Tab. 10.1 Naevi

Naevustyp	Klinik	Therapie	Beachten
Pigmentnaevi			
Café-au-Lait-Fleck	Hellbrauner Fleck, Farbe wie „Milchkaffee"	Nicht erforderlich; auf Wunsch des Pat. Laser (z.B. Ruby-Laser) möglich	Bei > 5 Flecken Assoziation mit verschiedenen Sy. möglich
Kongenitaler NZN	Bis 15 cm großer, gleichmäßig bräunlicher Tumor mit verruköser Oberfläche	Bei Größe > 5 cm Entfernung bis zum 12. LJ. durch Serienexzision oder Dermabrasion	Leicht erhöhtes Entartungsrisiko (1–3%), Kontrollen alle 3 Mon., wenn keine Entfernung
Kongenitaler Riesenpigmentnaevus	Flächig sehr ausgedehnter Pigmentnaevus	Hochtourige Dermabrasion in den ersten Lebenstagen in spezialisiertem Zentrum	Deutlich erhöhtes Entartungsrisiko, Kontrolle wie kongenitaler NZN
Erworbener NZN	Zunächst im Hautniveau gelegener bräunlicher Fleck, in späterer Entwicklung ggf. auch erhaben mit abnehmender Pigmentierung	Exzision nur bei: Veränderung oder zunehmenden Atypiemerkmalen, Lokalisation in Belastungszonen (unter dem Fuß), wenn Eigenbeobachtung nicht möglich	Wichtiger Risikofaktor für MM: Bei hellem Hauttyp und/oder vielen NZN halbjährliche Kontrolle

Tab. 10.1 Naevi (Forts.)

Naevus-typ	Klinik	Therapie	Beachten
Atypischer NZN	Klinisch anhand Pigmentierung, Oberfläche, Begrenzung auffälliger NZN	Exzision	Kontrolle aller anderen NZN in halbjährlichen Intervallen
Naevus Spitz	Auffällige NZN, die Melanom vortäuschen	Exzision mit kleinem Sicherheitsabstand (2–5 mm)	Bei zu knapper Exzision Rezidiv möglich
Naevus Reed			
Naevus bleu/coeruleus	Bläulicher, derber, scharf begrenzter, leicht kugeliger Naevus	Nur bei klin. Zweifel Exzision erforderlich	
Organoide Naevi			
Verruköser epidermaler Naevus	Bogenartige bräunliche verruköse HV	Nicht erforderlich, bei Wunsch des Pat. Exzision bis zur Subkutis	
Inflammatorischer, linearer, verruköser, epidermaler Naevus (ILVEN)	Streifige, rötliche verruköse HV, juckend, untere Extremität ohne Spontanheilung	Versuch mit harnstoffhaltigen Externa (z. B. Basodexan®-Salbe), bei Erfolglosigkeit Laser (Erbium: YAG oder CO_2) oder Exzision bis zur Subkutis	

Tab. 10.1 Naevi (Forts.)

Naevustyp	Klinik	Therapie	Beachten
Naevus sebaceus	Meist am Kopf lokalisiertes Hamartom **Kindesalter:** Haarloser gelblicher Bezirk **Ab Pubertät:** Größenzunahme und verruköse Veränderung	Entfernung, da maligne Entartung (BCC) ab 3. Lebensjahrzehnt möglich	Rezidive nach Laser-Ther.
Naevus Becker	Einseitige, flächige bräunliche, behaarte Hyperpigmentierung, v.a. Schulterbereich (Hamartom)	Keine Ther. erforderlich, ggf. Versuch mit Ruby-Laser auf Wunsch des Pat.	Laser-Ther. wenig erfolgreich

10.2 Zysten

Steckbrief

Die häufigsten Zysten der Haut sind:

- **Epidermoidzyste** (Syn.: Atherom): Oberflächennahe, variabel große Zyste, die mit lamellärem Hornmaterial gefüllt ist. Kommt an allen Lokalisationen vor. Eher weiche Konsistenz.
- **Trichilemmalzyste:** Zyste, die sich von tieferen Follikelanteilen ableitet und mit kompaktem Hornmaterial gefüllt ist. V.a. am Kapillitium. Eher harte Konsistenz.

Therapie

Entfernung in LA, wenn kosmetisch störend. Sehr oberflächlichen Schnitt auf der Zyste anlegen und Zyste seitlich (ohne Zystenruptur auszulösen) mobilisieren und entfernen. Anschließend Wundnaht.

10.3 Seborrhoische Keratosen

Steckbrief

Sehr häufige, gutartige, verruköse, helle bis bräunlich-schwärzliche Tumoren. Entstehen v. a. ab dem 50. LJ.

Therapie

Durchaus lokalisationsabhängig kosmetisch störend. Oberflächliche Kürettage z. B. mit Curette Stiefel® oder Abtragung mit Erbium:YAG-Laser in LA.

> Bei diagnostischen Zweifeln, v. a. in Abgrenzung zum MM immer Exzision durchführen.

10.4 Mesenchymale Tumoren (☞ Tab. 10.2)

Tab. 10.2 Mesenchymale Tumoren der Haut

Tumortyp	Klinik	Therapie	Beachten
Histiozytom / Dermatofibrom	Derbes rötlich-bräunliches Knötchen, das auf seitlichen Druck nach unten ausweicht (Pastillenaspekt), oft bei ♀ am Unterschenkel	Nicht erforderlich, nur auf Wunsch des Pat. Entfernung ohne Sicherheitsabstand	Erhöhte Gefahr der Keloidbildung nach Exzision
Fibroma pendulans („Hautanhängsel")	Gestielte, hautfarbene Knötchen, v. a. seitl. Hals, axillär, submammär	Nicht erforderlich, nur auf Wunsch des Pat. Entfernung durch Scherenschlag	Blutstillung nach Scherenschlag mit Eisen-III-chlorid-getränktem Stieltupfer
Chondrodermatitis helicis nodularis chronica	Schmerzhaftes Knötchen meist an oberem Pol der Helixumschlagfalte	Exzision unter Mitnahme des darunterliegenden Knorpels, Naht	Entfernung größerer Knötchen erfordert ggf. Helixplastik

Tab. 10.2 Mesenchymale Tumoren der Haut (Forts.)

Tumortyp	Klinik	Therapie	Beachten
Lipom	Verschieblicher Knoten im s.c. Gewebe	Exzision, wenn schmerzhaft oder druckbelastet. Zentraler Schnitt und Enukleation durch seitlichen Druck, Naht	
Neurofibrom	Weiches, intradermales Knötchen Klassisches „Klingelknopfphänomen" auf Druck	Exzision, wenn störend	

10.5 Gefäßtumoren (☞ Tab. 10.3)

Tab. 10.3 Gefäßtumoren

Gefäßtumor	Klinik	Therapie
Teleangiektasien	Kleine strichförmige Gefäßerweiterungen, idiopathisch oder im Rahmen der Grunderkr.	Ther. mit Farbstoff- oder KTP-Laser
Naevus araneus, Syn.: Spider naevus	Spinnenartige Gefäßerweiterungen um punktförmiges Zentralgefäß, ggf. bei Lebererkr. und Alkoholismus; in Gravidität und präpubertär	Ther. mit Farbstoff- oder KTP-Laser; alternativ: Elektrokoagulation des Zentralgefäßes

Tab. 10.3 Gefäßtumoren (Forts.)

Gefäßtumor	Klinik	Therapie
Infantiles Hämangiom	Häufiger Gefäßtumor im Säuglingsalter, angeboren oder in ersten Lebenswo. Auftritt, intra- oder subkutan liegt. Abklärung mittels Ultraschall: bei perioralen Tu. stets Inspektion der Mundschleimhaut, ggf. Tracheoskopie	Bei intrakutanen Formen zunächst keine Ther. und abwarten, da in 80% Rückbildung in der frühen Kindheit Intrakutane Form im Bereich von Körperöffnungen und Akren: Kryother. oder gepulster Farbstofflaser. Subkutane Formen in diesem Bereich: Nd:YAG-Laserther. mit Eiswürfelkühlung in Vollnarkose Bei aggressiv wachsendem Tu zusätzl. Prednisolon 5 mg/kg KG/d über 14 d, dann über Wochen reduzieren, ggf. Wiederholung des Zyklus
Granuloma pyogenicum	Fleischiger, rötlicher, exophytischer Knoten; oft nach Verletzungen an Lippen oder Fingern	Exzision oder elektrokaustische Entfernung in LA, im Kindesalter ggf. in Maskennarkose
Seniles Angiom	Kleine rötliche Knötchen, oft multipel am Stamm	Entfernung wenn störend mit KTP-Laser oder elektrokaustisch
Angiokeratom	Gefäßtumor mit keratotischer Oberfläche, gelegentlich auch papulös oder streifig	Entfernung wenn störend mit Laser, elektrokaustisch, Exzision oder Kürettage
Glomustumor	Bläuliches Knötchen, oft subungual gelegen, typischer Druckschmerz	Exzision

10.6 Histiozytosen

Gruppe von Erkr. verschiedener Dignität, durch Vermehrung von Zellen der Monozyten- und Makrophagenreihe bedingt.

10.6.1 Klassische Langerhans-Zell-Histiozytosen

Steckbrief

Vermehrung histiozytärer Zellen in verschiedenen Geweben (Leber, Milz, Lunge, Knochen, Lymphknoten). An der Haut exanthemartiger Befund.

- **Letterer-Siewe-Erkr.:** Akute Verlaufsform, v.a. im Kindesalter oft letal.
- **Hand-Schüller-Christian-Erkr.:** Chron. Verlaufsform im mittleren Erwachsenenalter.
- **Eosinophiles Knochengranulom:** Gutartige Variante, oft im Kindesalter mit Spontanremission.

Therapie

- **Örtlicher Befall:** Exzision des Hautherdes oder Lymphknotens.
- **Alleiniger Hautbefall:** PUVA-Ther.
- **Systembefall:** Kombinierte Chemo-/Immunther.
- **Knochenbefall:** Intrafokale Injektion von 40–200 mg Methylprednisolon (z.B. Urbason® solubile).

10.6.2 Juveniles Xanthogranulom (= kutane Nicht-LHZ-Histiozytose)

Steckbrief

Gutartige granulomatöse Erkr. mit gelblichen erhabenen Knötchen, v.a. vor dem 6. Lebensmon. im Gesichts-Halsbereich. Assoziation mit Neurofibromatose und juveniler chron. myeloischer Leukämie.

Therapie

Nicht erforderlich, da meist Spontanremission binnen 1 J. wahrscheinlich.

10.7 Mastozytosen

Verschiedene Erkr. durch Mastzellansammlung in Haut und/ oder verschiedenen Organen.

10.7.1 Mastozytom

Steckbrief

Kleines rötliches Knötchen, 1–4 cm Durchmesser, kongenital oder in den ersten Lebenswo. auftretend. Bei Reibung Ausbildung einer Quaddel (Darier-Zeichen).

Therapie

Nicht erforderlich, da Rückbildung.

10.7.2 Urticaria pigmentosa

Steckbrief

Man unterscheidet 2 Formen: die juvenile mit selbstlimitierendem Verlauf und die adulte Form, die persistiert oder chron. progressiv verläuft. Disseminierte kutane Mastzellansammlung mit exanthematischen rötlichen HV; Urtikaria bei Irritation; ca. 3% viszeraler Befall (GI-Trakt, Hepatosplenomegalie). Kreislauf- und neuropsychiatrische Symptome möglich.

Therapie

Meiden von Triggerfaktoren: Heißes Bad, Sauna, Alkohol, best. Medikamente. H_1-Blocker (z.B. Telfast® 180 mg 1–2 × 1 Tbl.), bei GI-Beschwerden: Natriumcromoglikat (z.B. Colimune® Sachets 4 × 1 Btl./d). Histaminarme Diät.
Ständiges Mitführen eines Notfallsets (H_1-Blocker, Glukokortikosteroid, inhalatives Adrenalin).

10.8 Adnextumoren

Steckbrief

Geschwülste, die sich von den Hautanhangsgebilden ableiten.

Therapie (☞ Tab. 10.4)

Tab. 10.4 Adnextumoren

Adnextumor	Klinik	Therapie
Pilomatrixom Syn.: Epithelioma calcificans Malherbe	Hautfarbener derber Knoten im Kopf- oder Halsbereich	Exzision oder Laser-Ablation, z. B. mit Erbium:YAG-Laser
Syringom	Hautfarbene Papel am Unterlid bzw. periorbital	Nur aus ästhetischen Gründen Laser-Ablation, z. B. mit Erbium:YAG-Laser
Zylindrom (Spiegler-Tu.)	Hautfarbener Knoten am Kapillitium, solitär oder multipel (ggf. turbanartige Tumoren), selten maligne Entartung	Operative Entfernung (Rezidivneigung)

10.9 Pseudokanzerosen

Gutartige epitheliale Neubildungen, die klinisch und ggf. histologisch einen malignen Eindruck vermitteln.

10.9.1 Keratoakanthom

Steckbrief

Schnell (binnen Wo.) wachsender epithelialer Tumor mit zentralem Hornpfropf, v. a. an der Nase.
Syn.: Self-healing squamous cell carcinoma.

Therapie

- **Bei Wachstum:** Exzision in toto mit geringem Sicherheitsabstand.
- **Bei fehlendem Wachstum oder Regression** kann unter klinischer Kontrolle ggf. auch abgewartet werden, Narbenbildung.

10.9.2 Papillomatosis cutis carcinoides Gottron

Steckbrief

Blumenkohlartige Wucherung v.a. auf den Fußrücken und an den Unterschenkeln bei Lymphstau. Oft schmierig belegt. Foetor!

Therapie

Komplette Exzision und Deckung mit Spalthaut nach Granulationsgewebsbildung am Wundgrund.

10.10 Carcinomata in situ

HV, die mit erhöhter Wahrscheinlichkeit in das invasive Stadium übertreten. V.a. im höheren Lebensalter oder bei Immunsupprimierten (z.B. Transplantatempfänger).
Syn.: Keratinozytäre intraepitheliale Neoplasie (KIN).

10.10.1 Aktinische Keratosen

Steckbrief

Sehr häufige solitäre oder flächenhafte Verhornungsstörung an lichtexponierten Stellen. Übergang in Plattenepithel-Ca. in ca. 10%, bei hypertrophen Formen und Immunsupprimierten in ca. 30%. Spontane Regression möglich. Phänomen der field cancerisation berücksichtigen (klinisch inapparente Lichtschäden!), deshalb flächenhaftes Auftragen des Therapeutikums.

Therapie

- **Solitäre aktinische Keratosen:** Abtragung mit der Curette Stiefel® oder Laser (Erbium:YAG-Laser, CO_2-Laser) in LA.
- **Flächenhafte aktinische Keratosen:**
  - Abtragung mit dem Laser (Erbium:YAG- oder CO_2-Laser).
  - Fotodynamische Ther. mit z.B. Metvix® Creme: Nach Anrauen der Läsionen Auftragen der Creme, Okklusivverband (lichtdicht) für 3 h, danach Bestrahlung z.B. mit einer Breitbandlichtquelle (PhotoDyn®-

Strahler) über 30 Min., Wdh. der Ther. nach 3 Mon., falls erforderlich. Anstelle von Metvix® Creme kann auch folgende Rezeptur angewandt werden (kostengünstiger!): 5-ALA × HCl 1,0, Dimethylsulfoxid 2,0, Aq. dest. 2,0, Hydroxyethyl-Cellulose H 300 0,1 (off-label-use).

- Solaraze® Gel 2 ×/d für 3 Mon. (flächenhaftes Auftragen).
- Aldara® Creme 3 ×/Wo. für 4 Wo., dann 4 Wo. Pause, Kontrolle, evtl. Zyklus wdh. (flächenhaftes Auftragen!).
- Nach Therapieende pflegendes Externum z.B. Bepanthen® Wund- und Heilsalbe, später Imlan® Creme, für ausreichenden Sonnenschutz sorgen.

10.10.2 Cornu cutaneum

Steckbrief
Hornförmiges, derbes Gebilde, das sich häufig auf aktinischen Keratosen ausbildet.

Therapie
Exzision im Gesunden.

10.10.3 Arsen- und Teerkeratosen

Steckbrief
Solitäre oder flächige Verhornungsstörungen. Bei Arsenkeratosen ggf. viszeraler Befall → diagnostische Abklärung.

Therapie
Kürettage oder Ablation mit Laser (Erbium: YAG- oder CO_2-Laser) oder flache Ablation mit Elektrokauter in LA.

10.10.4 Radiokeratosen

Steckbrief
Flächenhafte Keratosen nach vorangegangener Strahlenther.

Therapie

Es besteht sehr schlechte Heilungstendenz. Ablationen (z.B. mit Erbium-YAG-Laser) müssen sehr vorsichtig durchgeführt werden. Bei ausgedehntem Befund und fehlendem Therapieerfolg Exzision des gesamten Areals und Deckung mit Spalthauttransplantat.

10.11 Basalzellkarzinom (BCC)

Steckbrief

Semimaligner Tumor des höheren Lebensalters, der lokal destruktiv wächst, praktisch nie metastasiert. Oft im Gesicht mit perlschnurartigem Randwall und Teleangiektasien oder als Rumpfhautbasaliom mit ekzemartiger Morphe. Ggf. Einwachsen in tiefe Strukturen (Ulcus rodens/terebrans). Steigende Inzidenzzahlen. Bei **Dunkelhäutigen** deutlich seltener vorkommend, v.a. im Gesicht, aber aggressiveres Wachstumsverhalten.
Syn.: Basaliom.

Therapieprinzip

Basalzellkarzinome neigen auf Grund des klinisch unsichtbaren Seitenwachstums zu Rezidiven. Eine genaue histologische Sicherung der Tumorfreiheit der seitlichen und tiefen Abtragungsränder ist sicherzustellen. Bei besonderen Wachstumsformen (z.B. sklerodermiformes BCC) oder ab einer Größe > 2 cm sollte der Tumor entfernt werden und erst nach histologischer Sicherung der Tumorfreiheit der Schnittränder eine Deckung des Defektes vorgenommen werden (mikrografische Chirurgie). Neben der Exzision sind für superfizielle BCCs die PDT mit Metvix® Creme im Abstand von 1 Wo. sowie die Applikation von Aldara® 5 ×/Wo. über Nacht für 6 Wo. zugelassen. Für ausreichenden Sonnenschutz ist zu sorgen. Nach Heilen der Läsionen ist eine Biopsie indiziert, um den Therapieerfolg zu überprüfen.

Therapie (☞ Tab. 10.5)

Tab. 10.5 Therapie des Basalioms

Tumortyp	Therapie	Beachten
BCC < 2 cm Durchmesser	Exzision mit 3–5 mm Sicherheitsabstand	1 × jährliche Kontrolle über 3 J.
BCC > 2 cm Durchmesser, Ulcus rodens/terebrans	Exzision mit 5–10 mm Sicherheitsabstand; mikrografische Chirurgie	
Sklerodermiformes BCC	Immer mikrografische Chirurgie	
Rumpfhaut-BCC	Ablation mit Erbium: YAG- oder CO_2-Laser oder Kürettage oder Aldara® 5% Creme oder PDT 2 × im Abstand von 1 Wo.	
BCC in Augennähe oder im höheren Lebensalter bei primärer Inoperabilität sowie nach inkompletter Entfernung	Rö.-Weichstrahlther. (2–5 Gy, Gesamtdosis: 40–60 Gy, 3–6 ×/Wo.; 40 Gy nach R_1-Resektion, 60 Gy nach R_2-Resektion) oder schnelle Elektronen	

Bei destruierenden BCCs und solchen > 2 cm sowie klinischem Anhalt für eine Infiltration in tiefere Strukturen sollte eine weitere Ausbreitungsdiagnostik mittels CT oder MRT erfolgen.

10.12 Morbus Bowen

Steckbrief

Carcinoma in situ des Deckepithels mit psoriasiformem Aussehen, v. a. in lichtexponierten Arealen. Ggf. Folge von Arsenzufuhr, UV-Exposition oder Inf. mit HPV. Meist solitär, selten multipel.

Therapie

- **Kleiner solitärer Herd:** Exzision im Gesunden, jährliche klinische Kontrollen.
- **Größerer Herd:**
  - Ablation mit Erbium:YAG- oder CO_2-Laser oder PDT, halbjährliche klinische Kontrollen.
  - Ther. der 2. Wahl: Anwendung fluorourazilhaltiger Externa (z.B. Efudix® Creme) jeden 2. d über 1 Wo. in Kombination mit Kürettage. Es entsteht eine flächenhafte Erosion. Nachbehandlung mit Bepanthen® Wund- und Heilsalbe über 10 d. Während und nach der Ther. Lichtschutz betreiben, halbjährliche klinische Kontrollen.

10.13 Plattenepithelkarzinom

Steckbrief

Vor allem nach chron. UV-Exposition auftretender Tumor meist bei älteren Menschen. Meist an den „Sonnenterrassen", seltener auch an Lippen, Zunge, Vulva, Penis, Analbereich. Zunächst ekzemartiges Aussehen, später bretharte knotige Veränderungen und Ulzeration. Metastasierungsrate ca. 5%. Steigende Inzidenzzahlen. 65-fach erhöhtes Risiko bei Transplantatempfängern. Bei **Dunkelhäutigen** seltener, v.a. in Narben auftretend, bei ♀ v.a. auf der Kopfhaut.
Syn.: Spinaliom, Spinozelluläres Ca.

Therapie

- **Kein LK-Befall:** Mikrografische Chirurgie mit 3–5 mm Sicherheitsabstand.
- **LK-Befall:** Op. durch Chirurgen oder HNO-Arzt; Exzision in toto und radikale Lymphadenektomie der gesamten Region (Halsregion: Neck-Dissection).
- **Tiefe Invasion mit Befall extradermaler Strukturen:** Exzision und Nachbestrahlung der Region mit schnellen Elektronen.
- **Op. in sano nicht mehr möglich:** Palliation durch Kombination von Op. und Nachbestrahlung.

- **Metastasierendes Plattenepithel-Ca (M1):** Palliative Op. in spezialisiertem Zentrum. Polychemother. bringt keinen gesicherten Erfolg.

Nachsorge

Klinische Untersuchung, LK-Sono., wenn unklarer Palpationsbefund.

- No-risk-Typ (TD ≤ 2 mm): 1 ×/J. für 4 J.
- Low-risk-Typ (TD 2,1–5 mm): 2 ×/J. für 4 J., dann 1 × im 5. J.
- High-risk-Typ (TD > 5 mm oder desmoplastischer Typ): 4 ×/J. für 2 J., dann 2 ×/J. für 2 J., im 5. J. 1 ×.

10.14 Malignes Melanom (MM)

Steckbrief

Bösartiger Tumor der Melanozyten. Variable Klinik. Bräunlich-schwärzlicher, zunächst flacher Herd (superfiziell spreitendes MM), später oder auch primär knotiges Wachstum (primäres oder sekundäres noduläres MM). Im Gesicht auf aktinischer Vorschädigung (Lentigo-maligna-Melanom) oder an den Akren (akrales malignes Melanom). In der **dunkelhäutigen** Bevölkerung viel seltener und andere Lokalisationen, v.a. palmar, plantar und akral subungual.

Therapieprinzip

Ther. richtet sich nach der histologischen Tumordicke des Primärtumors, LK- und Fernmetastasierung. Zunächst Exzision. Bei auch klinisch sehr dünnen Tumoren 1 cm Sicherheitsabstand und primärer Verschluss. Bei dickeren Tumoren erst Entfernung in toto und Wundverschluss. Nach histologischer Bemessung der Tiefenausdehnung ggf. Nachresektion, um Sicherheitsabstand zu erreichen. Bei Tumoren mit einer Dicke ≥ 1 mm und anderen ungünstigen Parametern (Ulzeration, Regression) ist eine **komplette** (ca. 30% der Mikrometastasen liegen subkapsulär!) Entfernung des Schildwächterlymphknotens (sentinel lymphe node, SLN) Teil des Stagingprogrammes. Im Falle eines pos. SLN (in 15% falsch pos. LK-Befall!) wird eine Ther. mit IFN-α empfohlen.

Therapie

Primärtumor, N0, M0 (EORTC-Stadium I): Exzision des Tumors mit seitlichem Sicherheitsabstand und zur Tiefe bis zur Muskelfaszie. Sicherheitsabstand richtet sich nach der histologischen Tumordicke:

- **MM in situ:** Sicherheitsabstand 0,5 cm.
- **≤ 2 mm Tumordicke:** Sicherheitsabstand 1 cm.
- **> 2 mm Tumordicke:** Sicherheitsabstand 2 cm.

> Bei Tumordicken > 1 mm wird eine selektive Entfernung des ersten drainierenden Lymphknoten vorgenommen („sentinel lymphe node dissection", SLND).

Regionäre Metastasen (EORTC-Stadium II): Therapie des metastasierten MM:

- **In-transit-Metastasen:** Vollständige Exzision der Metastasen.
- **Bei LK-Mikrometastasen:** Radikale Lymphadenektomie empfohlen, bisher ohne nachgewiesenen prognostischen Vorteil.
- **Klinisch manifeste LK-Metastasierung:** Radikale Lymphadenektomie.
- **Hautfiliae:** Exzision.
- **Disseminierte Filiae der Extremitäten:**
  - Hypertherme Extremitätenperfusion mit Melphalan (Alkeran®) + TNF-α (nur in spezialisierten Zentren)
  - Alternativ: Kryochirurgie oder CO_2-Laserablation
- **Fernmetastasen:** Isolierte Organmetastasen: Exzision.
- **Strahlenther.:**
  - Nur bei nichtoperablen Primärtumoren: gesamt 70 Gy bei 5 × 2 Gy / Wo.
  - Lentigo maligna: Gesamt 60 Gy bei 5 × 3 Gy / Wo.
  - Strahlenther. der LK: Nur, wenn keine op. Sanierung möglich ist oder nur eine R_1- oder R_2-Resektion erreicht wurde – dann hat Radiother. aber keinen Effekt auf das Gesamtüberleben.
  - In-transit-Metastasen: Radiother.

- Solitäre Hirnmetastasen: Entfernung solitärer Filiae (oder stereotaktische Radiother.) und Ganzhirnbestrahlung 30 Gy in 10 Fraktionen.
- Multiple Hirnfiliae: Ganzhirnbestrahlung 30 Gy in 10 Fraktionen.
- Knochenfiliae: 35 Gy.
- Leberfiliae mit Kapseldehnungsschmerz.
- LK-Filiae, die nicht reseziert werden können.
- Anales und Vulva-MM.

- **LK-Metastasen (EORTC-Stadium III):** Hochdosis-IFN-Ther. oder 3 × 3 Mio. IFN-α über 24 Mon. mit möglichem Effekt auf Gesamtüberleben.
- Fern- und Hirnmetastasen (EORTC-Stadium IV): Fotemustin oder Temozolomid (Temodal).
- **Indikationen für Chemother.:**
  - Inoperable Rezidivtumoren.
  - Inoperable regionale Filiae.
  - Fernmetastasen (Stadium IV).

  Chemother.: Ansprechraten zwischen 5% DTIC-Monother. und 45% (DVP-Schema); jedoch keine Einzel- oder Kombinationsther. ist der DTIC-Monother. bislang signifikant überlegen. Ausnahme bildet das metastasierte Uvea-MM: Gemcitabin (Gemzar®) + Treosulfan (Ovastat®).
- **Primärther. besonderer Melanomtypen:**
  - Lentigo-maligna-Melanom: Da dieser Tumor im Gesicht vorkommt, ist eine funktionelle mikrografisch kontrollierte Entfernung, auch mit kleineren Sicherheitsabständen möglich. Bei Inoperabilität: Rö-Weichteilbestrahlung, Kryother. oder Behandlung mit Imiquimod (Aldara®) 3 ×/Wo. über 6 Wo. (off-label).
  - Akrales malignes Melanom: Mikrografisch kontrollierte Chirurgie unter funktionellen Gesichtspunkten.
  - Subunguales malignes Melanom: Exzision von Haut und Subkutis mit 1 cm Sicherheitsabstand. Sofortige Deckung mit Vollhauttransplantat.
- **Adjuvante Chemother.:** Derzeit wird keine adjuvante Chemother. außerhalb klinischer Studien empfohlen.

- **Adjuvante Immunther. mit IFN-α:** Derzeit kommen 2 Schemata zum Einsatz (☞ Tab. 10.6).

Tab. 10.6 Adjuvante Immuntherapie mit IFN-α

Schema	Dosis	Frequenz	Dauer	Indikation
Niedrigdosisschema	3 Mio. IE s.c.	Tag 1, 3, 5 jeder Wo.	18 Mon.	Stadium I–III TD ≥ 1,5 mm
Hochdosisschema mit Initiierung und Erhaltung	20 Mio. IE/m² KOF i.v. als Kurzinfusion	Tag 1–5 jeder Wo	1 Mon. 11. Mo	Stadium III
	10 Mio. IE/m² KOF s.c.	Tag 1, 3, 5 jeder Wo.	11 Mon.	

- In Europa setzt sich das Niedrigdosisschema auf Grund der besseren Verträglichkeit immer mehr durch.

Nachsorge

Erforderliche Untersuchungen: Inspektion und Palpation der Haut und LK-Stationen, Laborkontrolle (S100β, LDH), bildgebende Untersuchungen (Thorax-Rö und Abdomen-Sono. oder CT bzw. MRT oder PET), LK-Sono.

- Stadium IA:
  - **J. 1–5:** Alle 6 Mon. nur körperliche Inspektion.
  - **Ab J. 6:** Alle 12 Mon.
- Stadium IB–IIB:
  - **J. 1–5:** Alle 3 Mon. körperliche Inspektion, LK-Sono. alle 6 Mon., Protein S100β alle 3–6 Mon.
  - **Ab J. 6:** Alle 6–12 Mon. körperliche Inspektion.
- Stadium IIC-IIIC:
  - **J. 1–5:** Alle 3 Mon. körperliche Inspektion, LK-Sono. und Protein S100β alle 3–6 Mon., bildgebende Untersuchungen alle 6 Mon.
  - **Ab J. 6:** Alle 6 Mon. körperliche Untersuchung.
- Stadium IV: Individuell abzustimmendes Nachsorgeprogramm.

10.15 Merkelzellkarzinom

Steckbrief

Seltener Tumor an Kopf und Extremitäten im höheren und hohen Erwachsenenalter. Rötlicher bis braunroter Knoten. Weite Ausdehnung über das klinisch sichtbare Areal hinaus („Eisbergtumoren"). Teilweise spontane Regression möglich. Inzidenz stark ansteigend. Bei Immunsupprimierten 50–500fach erhöhtes Erkrankungsrisiko.
Syn.: Kutanes neuroendokrines Karzinom.

Therapie

Exzision mit 3 cm Sicherheitsabstand zu allen Seiten und bis zur Muskelfaszie plus SLND. Adjuvante postop. Bestrahlung des OP-Gebietes, der Transit-Strecke sowie der ableitenden Lymphwege mit Linearbeschleuniger mit einer Gesamtdosis von 50 Gy (5 × 2 Gy/Wo.). Bei LK-Metastasen radikale Lymphadenektomie (jedoch auch nach LK-Dissektion insgesamt schlechte Prognose). Bei Metastasen kann eine Chemother. in spezialisierten Zentren Lebensverlängerung von wenigen Mon., aber keine Heilung bewirken.

Nachsorge

- **J. 1:** Alle 4–6 Wo.
- **Ab J. 2:** Alle 3 Mon., später alle 6 Mon., 1 ×/J. Thorax-Rö und Abdomen-Sono.

10.16 Dermatofibrosarkoma protuberans

Steckbrief

Sehr seltener, sehr selten auch metastasierender (Lunge!), langsam wachsender Tumor des Bindegewebes, der v. a. im jungen Erwachsenenalter entsteht. V. a. an Rumpf- und Schulterregion derbe, narbenartige Knoten. Typischer „Eisbergtumor", der weit über das klinisch sichtbare Areal hinausreicht.

Therapie
Mikrografische Chirurgie (erst Exzision und lückenlose chirurgische Schnittrandkontrolle anhand eines mit $CD3^+$ markierten Präparates; Verschluss erst nach Gewissheit der Tumorfreiheit). Bei Inoperabilität und/oder Metastasierung Versuch mit Imatinib (Glivec®)-FT.

Nachsorge
J. 1–3: Halbjährlich, danach 1×/J.

10.17 Angiosarkom im Lymphödem

Steckbrief
Nach Jahren von Gefäßendothelien ausgehender maligner Tumor in lymphgestauten Extremitäten (v.a. im Arm nach OP wegen Mamma-Ca. mit LK-Ausräumung der Axilla). Entstehung bläulich-roter Knoten. Sehr schlechte Prognose.
Syn.: Steward-Treves-Sy.

Therapie
Radikale Entfernung der betroffenen Muskelgruppe durch Chirurgen. Bei inoperablen Tumoren Rö-Weichstrahl-Ther. mit ED von 4–5 Gy, Gesamtdosis 60–70 Gy.

10.18 Kaposi-Sarkom

Steckbrief
Multifokale Vermehrung niedrig maligner mesenchymaler Zellen. Verschiedene Varianten: klassisches Kaposi-Sarkom, endemisches Kaposi-Sarkom bei AIDS-Pat., Kaposi-Sarkom bei medikamentöser Immunsuppression (bei Transplantatempfängern 80–500fach erhöhtes Risiko, v.a. in der Mundschleimhaut auftretende Kaposi-Sarkome), endemisches afrikanisches Kaposi-Sarkom). Kleine rötlich-schwärzliche Knoten, die zunächst wie Hämatome aussehen. Langjährige Verläufe bei klassischem und endemischem Kaposi-Sarkom. Rasche Progredienz und Tumorausbreitung bei HIV-assoziiertem Kaposi-Sarkom und bei Immunsuppression.
Syn.: Sarkoma idiopathicum haemorrhagicum multiplex.

Therapie (Auswahl)

- **Klassisches Kaposi-Sarkom, afrikanisches Kaposi-Sarkom:** Rö.-Strahlenther. einzelner oberfl. Herde, ED 5 Gy (3 ×/Wo.), Gesamtdosis 20–30 Gy oder Alitretinoin-Gel (Panretin® Gel 0,1%); tieferliegende Herde mit Linearbeschleuniger ED 2 Gy (5 ×/Wo.), Gesamtdosis 40 Gy. Bei Tumorprogredienz Chemother. wie HIV-assoziiertes Kaposi-Sarkom. Antimykotische Ther. der Zehenzwischenräume (z.B. Batrafen® Creme). Lymphödemther. mit Kurzzugbinden.
- **HIV-assoziiertes Kaposi-Sarkom:**
  - Immer HAART einleiten.
  - Bei Remission unter HAART: Verlauf beobachten.
  - Progress bei guter Immunität (CD4 > 200/µl): IFN-α (Roferon®-A) 3 × 3 bis 3 × 9 Mio. IE s.c. für ≥ 6–8 Wo.
  - Progress bei schlechter Immunität (CD4 < 200/µl): Pegyliertes liposomales Doxorubicin (Caelyx®) 20 mg/m^2 KOF alle 2 Wo.
  - Spätstadium: HAART + pegyliertes liposomales Doxorubicin; bei Versagen i.v. Gabe von Paclitaxel (Taxol®) 100 mg/m^2 KOF.
  - Ultima Ratio: Polychemother. (z.B. ABV-Schema).

10.19 Mammärer Morbus Paget

Steckbrief

Mamma-Ca. mit intraepithelialer Ausbreitung. Zunächst ekzemartige Morphe an der Mamille. Therapieresistenz nach adäquater antiekzematöser Therapie erfordert stets eine PE!

Therapie

Durch Gynäkologen oder Chirurgen.

- **Ausschließlich Mamille betroffen:** Zentrale Segmentresektion und axilläre Lymphadenektomie.
- **Tiefer gelegener Tumor:** Modifizierte radikale Mastektomie und axilläre Lymphadenektomie.

10.20 Extramammärer Morbus Paget

Steckbrief

Multizentrisches duktales Ca. der apokrinen Drüsen. V.a. genital, perigenital und perianal.

Therapie

Exzision mit 1–2 cm Sicherheitsabstand und histologische Schnittrandkontrolle (ggf. mehrschrittiges Vorgehen).
Alternativen: Z.B. Docetaxel (Taxotere®) 60 mg/m^2 KOF alle 4 Wo., Imiquimod (Aldara®) 3 ×/Wo. für 6 Wo., PDT nach Applikation von 20%iger δ-ALA.

10.21 Hautmetastasen

Steckbrief

Malignome nahezu aller Organe können Hautmetastasen hervorbringen.

Therapieprinzip

Die Ther. richtet sich nach Anzahl (solitär oder multipel) sowie Ansprechen auf Tumorther. (Bestrahlung, Chemother.). Solitäre Hautmetastasen sollten – falls möglich – exzidiert werden.

10.22 Kutane Lymphome

Kutane Lymphome (CL) repräsentieren extranodale Non-Hodgkin-Lymphome.
Häufigkeit: 1 : 100 000.
Einteilung in **primäre** kutane Lymphome (entstehen in der Haut) und **sekundäre** kutane Lymphome (kutane Manifestationen disseminierter extranodaler, primär nodaler oder extranodaler Lymphome).
Häufigkeit der CL: 65% T-Zell-Lymphome (CTCL), 25% B-Zell-Lymphome (BCL) und 10% seltene Formen.
Besonderheiten der CL: Unterscheiden sich biologisch bei gleicher Zytomorphe erheblich von den nodalen und extrakutanen Lymphomen! Deshalb nur noch Anwendung der

EORTC-Klassifikation von 2005. TNM-Klassifikation eher unbefriedigend, da biologischer Verlauf nicht hinreichend repräsentiert wird.

10.22.1 Mycosis fungoides (MF)

Steckbrief

Niedrigmalignes T-Zell-Lymphom mit stadienartiger klinischer Charakteristik (Ekzem-, Plaque-, Tumorstadium). Beginn mit ekzemartigen Veränderungen, später zunehmende Infiltration der Herde und schließlich knotige Tumoren und LK-Befall.

Syn.: Kutanes T-Zell-Lymphom, CTCL.

Therapieprinzip

So viel wie nötig, so wenig wie möglich. Eine zu aggressive Ther. der Frühstadien kann zu rascherem Fortschreiten und Stadienwechsel führen.

Therapie

Die Ther.-Empfehlungen der MF und deren Sonderformen richten sich nach dem Stadium (in Klammer Ther. der 2. Wahl):

- **Stadium IA:** PUVA (in Europa präferiert), Klasse III/IV-Steroide, HN2/BCNU lokal, UVB/UVB 311 nm (Bexaroten-Gel, Hexadecylphosphocholin-Lsg.).
- **Stadium IB–IIA:** PUVA, HN2/BCNU lokal (PUVA plus IFN, Bexaroten p.o.).
- **Stadium IIB:** PUVA plus IFN und Radiother. für Tumoren, HN2/BCNU lokal (Low-dose-MTX, Bexaroten p.o., liposomales Doxorubicin, Ganzhaut-schnelle Elektronen, Denileukindiftitox).
- **Stadium III:** PUVA plus IFN, HN2/BCNU lokal, extrakorporale Fotopherese, evtl. Kombination mit IFN oder MTX (Low-dose-MTX, Bexaroten p.o., Ganzhaut-schnelle Elektronen, Chlorambucil/Steroid, Rö-Fernbestrahlung).
- **Stadium IVA:** PUVA plus IFN, extrakorporale Fotopherese, evtl. Kombination mit IFN oder MTX (s. Stadium III).

- **Stadium IVB:** PUVA plus IFN, Chlorambucil/Steroid, liposomales Doxorubicin, Radiother. für Tumoren (Bexaroten p.o., Gemcitabin, CHOP-Polychemother., Denileukindiftitox, Alemtuzumab).

10.22.2 Sézary-Syndrom

Steckbrief

Malignes T-Zell-Lymphom mit Erythrodermie, Leukämie (Vorkommen von Sézary-Zellen im Blut) und Lymphadenopathie.

Therapie der 1. Wahl

- PUVA + IFN.
- Extrakorporale Fotopherese (☞ 3.5).
- HN2.

Therapie der 2. Wahl

- Bexaroten p.o.
- Chlorambucil/Steroid.
- Low-dose-MTX.
- CHOP-Schema.
- Denileukin-diftitox (Ontak®).
- Ganzhaut-schnelle Elektronen.
- Alemtuzumab (Anti-CD 52) (MabCampath®).

10.22.3 Lymphomatoide Papulose

Steckbrief

Chron., ekzemartige und mit knotigen Eruptionen durchsetzte HV, die histologisch wie ein kutanes T-Zell-Lymphom imponieren kann. Ggf. Übergang in kutanes T-Zell-Lymphom.

Therapie solitärer oder lokalisierter Läsionen

- Exzision.
- Beobachtung.
- Therapie multifokaler Läsionen, rez. mit spontaner Remission.
- Ther. der 1. Wahl: Beobachtung, PUVA-Bad-Fotother. (☞ 3.3.2), MTX bis 20 mg/Wo.

- Ther. der 2. Wahl: IFN-α, IFN-α + Retinoid, Bexaroten (Targretin) p.o.

10.22.4 Kutanes B-Zell-Lymphom

Steckbrief

Gruppierte Papeln ohne epidermale Note (keine Schuppung). **Syn.:** Keimzentrumslymphom.

Therapie

- **Solitäre Herde:** Ther. der 1. Wahl: Exzision in toto, Antibiotika, Radiother., Ther. der 2. Wahl: intraläsional Rituximab (MabThera®), Steroid oder IFN-α.
- **Multiple Herde:** Ther. der 1. Wahl: Antibiotika, Radiother., Ther. der 2. Wahl: intraläsional IFN-α, intraläsional Rituximab oder Rituximab i.v.

10.23 Pseudolymphome

Steckbrief

HV, die klinisch das Bild eines kutanen Lymphoms imitieren, ohne maligne zu sein. Dazu gehören: Lymphadenosis cutis benigna, Lymphocytic infiltration of the skin, persistierende Arthropodenbiss-Reaktion, lymphomatoide Arzneimittelreaktion, lymphomatoide Kontaktdermatitis, aktinisches Retikuloid.

Therapie

Folgende Therapiemöglichkeiten isoliert oder in Kombination: Steroidale Externa (z.B. Ecural® Fettcreme), auch unter Folienokklusion, Unterspritzungen mit Glukokortikosteroiden (z.B. Triam® Injekt 10mg in Scandicain® 1% 1 : 2).

11 Ekzemerkrankungen

Akute, subakute oder chron. Dermatitis mit Bläschen, Papeln, Schuppung oder Lichenifikation, oft auf gerötetem Grund. Ursächlich können sein: Kontaktallergische Mechanismen, atopische Diathese, kumulativ-subtoxische Reize, physikalische Noxen, mikrobielle Antigene. Oft sind Berufsstoffe auslösend (v. a. bei Hand- und Fußekzemen).

11.1 Allergisches Kontaktekzem

Steckbrief

Häufig vorkommendes, durch Kontaktallergen(e) hervorgerufenes Ekzem. Reaktion 48–72 h nach Allergenkontakt. Akut (nässend), subakut (Ödem, Papeln) oder chron. (ausgeprägte Lichenifikation). Streureaktion von Ekzemherden.
Häufige Kontaktallergene: Duftstoffe, Nickelsulfat (Modeschmuck, Gitarrensaiten), Kobaltchlorid (Zement, Lidstift), Chromate (Zement, Leder), PPD,Gummiinhaltsstoffe (z. B. Vulkanisationsbeschleuniger), Dermatika (z. B. Kathon CG, Wollwachsalkohole).

! TIPP Auf der Suche nach einem Allergen: Akute Ekzeme werden durch stark sensibilisierende Substanzen und intensiven Kontakt, z. B. PPD in Haarfarben, das kreuzreagiert mit chemisch verwandten LA (Benzocain), mit Paraaminobenzoesäure (PABA), Sulfonamiden und Sulfonylharnstoff (Antidiabetikum), chron. Ekzeme durch weniger sensibilisierende Substanzen und flüchtigeren Kontakt ausgelöst.

Therapie

Wenn möglich Allergenkarenz!
Zusätzlich, wenn nötig:

- **Akutes Ekzem:** Steroidale Lokalther. (z. B. Dermatop® Creme, Alfason® Crelo), bei starkem Nässen zusätzlich feuchte Umschläge mit 0,9% NaCl-Lsg., Bäder mit Gerbstoffen (z.B. Tannolact®); bei Superinf. Chinosol®-Umschläge.

- **Subakutes Ekzem:** Steroidale Lokalther., z.B. mit Ecural® Fettcreme, Alfason® Cresa.
- **Chron. Ekzem:** Fette steroidale Lokalther., z.B. Dermatop® Fettsalbe, Alfason® Salbe.

Zur Wiederherstellung der Hautschutzbarriere z.B. Alfason® Repair.

11.2 Toxische Kontaktdermatitis

Steckbrief

Durch verschiedene Kontaktstoffe (z.B. Säuren, Laugen, Irritanzien) ausgelöste Dermatitis, ohne dass eine vorherige Sensibilisierung (wie beim allergischen Ekzem) stattgefunden hat. Nässende oder blasige Veränderungen **ohne** Streureaktion.

Therapie

- Meidung des Auslösers, ggf. gründliches Abspülen eines Kontaktstoffes mit Wasser.
- Lokale Steroide (z.B. Ecural® Fettcreme) über einige d.
- Bei Superinf. feuchte Chinosol® -Umschläge.
- Schwere Reaktion mit Blasenbildung: Syst. Steroide (z.B. Decortin® H, Beginn mit 50–150 mg, binnen weniger d rasch ausschleichen).
- Wiederherstellung der Hautschutzbarriere z.B. mit Alfason® Repair.

11.3 Lichen simplex chronicus

Steckbrief

Plaqueartiger, stark juckender, lichenifizierter Ekzemherd. V.a. Fußgelenke, prätibial, Nacken. Hochchron.
Syn.: Lichen Vidal, Neurodermitis circumscripta.

Therapie

Steroidale Lokalther. unter Folienokklusion für 1–2 Wo. (z.B. Ecural® Fettcreme). Dann Okklusion aufheben und weitere

Ther. für 1–2 Wo. bis zur Besserung. Übergang auf schwächere steroidale Externa (z. B. Hydrokortison 1% in Linola®-Fett oder Physiogel® A.I. Creme) über mehrere Wo. Ggf. zusätzlich UVA-Ther. (☞ 3.2) oder PUVA-Creme-Ther. (☞ 3.3). Antihistaminikum häufig eingesetzt, aber nahezu wirkungslos!

11.4 Mikrobielles Ekzem

Steckbrief

V. a. an den Beinen rundliche erythematosquamöse Plaques, z. T. nässend, z. T. impetiginisiert. Oft bei entzündlichen Foci oder CVI.

Syn.: Nummuläres Ekzem.

Therapie

- Sanierung entzündlicher Foci.
- Steroidale Lokalther. z. B. mit Dermatop® Creme 1–2 ×/d (keine fetten Externa verwenden).
- Bei Superinf. Ther. mit z. B. DuoGalen® Creme mit 3% Triclosan 2 ×/d.
- Disseminierter Befall: Zusätzliche UV-Ther. (UVB ☞ 3.2 oder PUVA-Bad-Fotother. ☞ 3.3.2).

11.5 Exsikkationsekzem(atid)

Steckbrief

V. a. bei älteren Menschen im Bereich der Unterschenkel netzartige Risse der Haut mit umgebender Entzündung. Oft Pruritus oder Brennen. Gezielt nach häufigem Seifengebrauch fragen.

Syn.: Etat craquelé.

Therapie

- Reduktion austrocknender Mechanismen (Badefrequenz ↓, besser Duschen z. B. mit Eucerin® pH 5 Duschöl).
- Hautpflege mit harnstoffhaltigen Externa (z. B. Excipial® U Lipolotio) oder Physiogel® A.I. Creme/Lotion 2 ×/d.

- Bei starkem Pruritus Antihistaminika (z. B. Xusal® 1 × 1 Tbl./d) und steroidale Externa (z. B. Dermatop® Fettsalbe, Alfason® Salbe) über wenige d.
- Erhöhung der Luftfeuchtigkeit > 50%.

11.6 Seborrhoisches Ekzem des Säuglings

Steckbrief

Häufige ekzematöse Hauterkr. des Säuglings in den ersten Lebenswo. mit Bildung fettiger Schuppenauflagen; v. a. Kapillitium, Gesicht und Intertrigines befallen. Heilt binnen weniger Wo.
Syn.: Dermatitis seborrhoides infantum.

Therapie

- Kopfwäsche mit milden Shampoos (z. B. Physiogel® Shampoo) alle 2 d
- **Kopfschuppen** mit Oleum olivarum ablösen (gelingt binnen weniger d), danach z. B. Tannolact® Lotio/Creme
- **Körperherde:** Physiogel® A.I. Creme/Lotion oder schwache steroidale Externa (z. B. Hydrocortisonacetat 0,5% in Basislotio DAC über wenige d); keine Ölbäder.

11.7 Seborrhoisches Ekzem des Erwachsenen

Steckbrief

Sehr häufige Ekzemerkr. des Erwachsenen mit Rötung und Schuppung in den seborrhoischen Zonen und der Kopfhaut. Hochchron., häufige Rezidive.

Therapie

Verschiedene Therapiekonzepte (Steroide, Antibiotika, Antimykotika). Die geeignete Ther. muss empirisch ggf. durch Kombination verschiedener Präp. gefunden werden.

- **Kopfhaut:** Haarwäsche mit ketokonazolhaltigen Shampoos (z. B. Terzolin® Lsg.); bei starker Schuppung vorher Schuppenlösung (z. B. mit Squamasol® Gel). Bei stark entzündlichen Kopfhautveränderungen nach der Haarwäsche lokales Steroid (z.B. Deflatop® Schaum) über 2–3 Wo. anwenden.

- **Gesicht:** Ketokonazolhaltige Cremes (z.B. Nizoral®) oder Ciclopirox-haltiges Gel (z.B. Batrafen® Gel) über mehrere Wo. Alternativ: Erythromycin 2% in Lotio (z.B. Linola®) 2×/d.
- **Bei stark entzündl. Gesichts-/Körperherden:** Kurzzeitig steroidale Externa (z.B. Triamcinolonacetonidcreme 0,1% NRF 11.38). Im Gesicht im Off-label use Elidel® Creme 2×/d für kurze Zeit, auf Sonnenschutz achten.

11.8 Ekzeme an besonderen Lokalisationen (☞ Tab. 11.1)

Tab. 11.1 Therapie von Ekzemen

Ekzemtyp	Charakteristik / Klinik	Therapie
Kopfekzem	Atopisch, seborrhoisch, allergisch oder toxisch	Angeschuldigte Auslöser meiden, milde Shampoos verwenden (z.B. Physiogel®), Schuppenherde ablösen (z.B. Squamasol® Gel), kurzzeitig steroidale Externa (z.B. Alfasor® Crelo)
Lidekzem	Kontaktallergisch, atopisch, seborrhoisch; schuppende, oft lichenifizierte Lider	Kontaktallergischen Auslöser eliminieren (z.B. Lidschatten, Haarspray, Nagellack, Parfüm); Kosmetikakarenz; kurzzeitig steroidale Externa (z.B. Hydrocortisonacetat 0,5% in Augenvaseline) oder Calcineurininhibitor (z.B. Protopic® 0,03% oder Elidel® Creme), zusätzlich darüber Umschläge mit kaltem schwarzem Tee; allmähliches Ausschleichen des Steroids (Dosisreduktion, anschließend nur Pflege mit Vaseline); bei chron. Verlauf ggf. Klimawechsel (Nordsee, Kanarische Inseln) versuchen

Tab. 11.1 Therapie von Ekzemen (Forts.)

Ekzemtyp	Charakteristik / Klinik	Therapie
Handekzem	Dyshidrotisch oder hyperkeratotisch rhagadiformes Ekzem; genuin, kontaktallergisch, atopisch oder kumulativ subtoxisch (v. a. Handrücken)	Auslöser meiden (z. B. Berufsallergene, auslaugende Kontaktstoffe); ggf. ausreichend lange AU-Zeiten
Fußekzem	Dyshidrotisch oder hyperkeratotisch rhagadiform; genuin, kontaktallergisch, atopisch oder kumulativ-subtoxisch	Auslöser meiden (z. B. „Schuhallergene"), genügend lange AU-Zeiten Ther. wie Handekzem (s. o.), zusätzlich an Ther. einer ggf. vorhandenen Tinea denken (☞ 7.4.1)
Skrotalekzem	Atopisch oder seborrhoisch; Rötung und Schuppung, später Lichenifikation	Auslöser (z. B. Kontaktstoffe) meiden, zunächst schwache steroidale Externa in Pastengrundlage (z. B. Hydrocortisonacetat 0,25% in Pasta zinci mollis mit 3% Triglyceroldiisostearat) über 1–2 Wo., danach pflegende Ther. (z. B. Basiscreme DAC)

12 Atopische Dermatitis

Steckbrief

Konstitutionelle entzündliche Hautkrankheit mit chron.-rez. Verlauf. Barrierestörung der gesamten Haut. Erstmanifestation meist im Kindesalter, aber auch in jedem anderen Lebensalter möglich. Sehr variantenreiche Klinik, typisch ist aber immer quälender Pruritus und starke Kratzneigung. ⅕ der Neurodermitiker weisen eine Histaminintoleranz auf.

Syn.: Neurodermitis, atopisches Ekzem, endogenes Ekzem.

Mögliche klinische Varianten: Milchschorf, Beugeekzeme, generalisierte Xerosis cutis, Pulpitis sicca, Cheilitis simplex, atopisches Hand-/Fußekzem, atopisches Lidekzem, Ohrläppchenrhagaden.

Tipps für den Umgang mit Patienten mit atopischer Dermatitis:

- Bei erstem Kontakt ausführliches Gespräch über den Charakter der Erkr. führen. Oft herrschen Vorurteile über die Ursachen („rein seelisch“, nur Ernährung, Erbkrankheit etc.).
- Dem Pat. vermitteln, dass die Erkr. durch Zusammenspiel vieler Einzelfaktoren (z.B. trockene Haut, Allergieneigung, Nahrungsmittel, Klimafaktoren, saisonale Faktoren, Stress etc.) entsteht und kein Faktor für sich alleine wirkt.
- Schulung des Pat. bezüglich der Hautpflege ist von entscheidendem Wert, konkrete Produktempfehlungen geben, wenn möglich Proben mitgeben, der Hinweis „Haut fetten“ reicht nicht aus.
- Eltern neigen oft zu „Übertherapien“, wie z.B. Spezialdiäten, Psychother., multiple paramedizinische Hilfsmittel (Tees, „Brottrunk“, Bioresonanzther., Auspendeln von Lebensmitteln) etc.; auf die Vorstellungswelt der Eltern sollte mit medizinischen Maßnahmen eingegangen werden; die Aussage „das bringt doch alles nichts“ führt zur Abwendung von der Schulmedizin. Besser: Konkreten Behandlungsplan aufstellen, der den Wunsch der Eltern, aktiv gegen die Erkr. vorzugehen, berücksichtigt.

- Informationsdurst der Pat. oder ihrer Eltern kanalisieren: Pat. seriöse Literatur- und Internetangebote nennen, statt ihn mit der Literatur oder dem Internet alleine zu lassen.

Präventionsmaßnahmen bei atopischer Diathese

- Säuglinge mindestens 4 Mon. voll stillen.
- Danach Zufütterung zunächst von Kartoffeln, Karotte, Banane.
- Ei, Fisch, Zitrusfrüchte, Nüsse vor Vollendung des 1. LJ. meiden.
- Rauchverbot im Haus.
- Plüschtiere häufig waschen und 1 ×/Wo. über Nacht in die Gefriertruhe legen.
- Keine Staubfänger im Kinderzimmer (am besten wischbarer Korkfußboden).
- Schimmelsanierung in Wohnräumen durchführen.

Therapie

Allgemeine Maßnahmen bei atopischem Ekzem:

- Dusch- und Badehäufigkeit reduzieren; Verzicht auf Seifen, besser Duschöle (z.B. Eucerin® pH 5 Duschöl) und Badeöle (z.B. Balmandol Ölbad) verwenden; Haarwäsche z.B. mit Physiogel®, Handwäsche mit Eucerin® pH 5 Handwaschöl.
- Häufig rückfettende Externa einsetzen (z.B. Excipial® U Lipolotio oder Zarzenda® Creme), v.a. nach dem Duschen/ Baden.
- Temp. in Wohnräumen reduzieren, Luft ausreichend befeuchten.
- Stressschwitzen vermeiden (Schwitzen durch Sport wird nach einer bestimmten Zeit gut vertragen).
- Leichte UV-Bestrahlung oft günstig (bei fotoaggraviertem atopischen Ekzem aber kontraind.).
- Meiden häufiger Kontaktallergene (v.a. Nickel in Modeschmuck, Brillenbügel, Zahnspangen).
- Leichte, lockere Kleidung, am besten Baumwolle (keine synthetischen Fasern oder Tierfasern).

- Bei Pollenallergie: Fenster geschlossen halten, abends duschen, keine Garderobe im Schlafzimmer ablegen, Auto mit Pollenfilter ausstatten und regelmäßig austauschen.
- Haustiere meiden (v.a. Katzen), Hundehaltung möglich.
- Rauchverbot.
- Nahrungsmittel: Keine „esoterischen" Pauschaldiäten; sinnvoll ist es, ein Nahrungsmitteltagebuch zu führen, um Unverträglichkeiten zu erfassen und entsprechende Vermeidungsprogramme aufzustellen.

Therapie des Milchschorfs:

- Meiden verschlimmernder Allergene (z.B. Tierepithelien, Milcheiweiß).
- Baden in Ölbädern (z.B. Balmandol Ölbad), die nasse Haut kann nach dem Bad direkt mit dem Öl eingerieben werden.
- Lokalther.: Geeignete pflegende Externa müssen individuell durch Ausprobieren ermittelt werden.
  - Eher wässrig: Z.B. Urea pura 2,0 in Ungt. emuls. aquos. ad 100,0.
  - Eher cremig: Z.B. Bepanthen® Creme.
  - Eher fettig: Ungt. leniens.
  - Kopfhaut: Olivenöl, Pédiatril Milchschorfgel.
- Bei Impetiginisation: Feuchte Umschläge mit Chinosol®-Lsg.
- Antipruriginöse Ther.: Z.B. Fenistil®-Tropfen 5–10 Tr. zur Nacht.
- Fingernägel kurz halten; ggf. Kind mit Spezial-Anzug (z.B. Curaderm®) versorgen.

Therapie chronisch-ekzematöser HV:

- Bei starkem Pruritus und Exazerbation: Anwendung steroidaler Externa über einige d (z.B. Ecural® Fettcreme), danach ausschleichende Ther. und Übergang zu blandem Pflegepräparat (z.B. Excipial® U Lipolotio, Physiogel® A.I. Creme, Avène Trixéra Creme, Zarzenda® Creme).
- Baden mit Ölzusatz (z.B. Balmandol® Ölbad), die nasse Haut kann nach dem Bad direkt mit dem Öl eingerieben werden.

- Bei starkem Pruritus Aerius® Sirup ab 1. LJ. oder Xusal® Tropfen ab 2. LJ. oder Telfast® 30 mg ab 6. LJ.
- Zusätzlich möglich: UVB-Ther. oder UVA-/UVB-Ther. in Kombination oder PUVA-Bad-Fotother.; sehr günstig, jedoch nur an spezialisierten Zentren verfügbar: UVA_1-Kaltlichtther. KI der Lichtther. berücksichtigen.
- Klimather. im Hochgebirge oder im Hochseeklima (z.B. Insel Borkum).

Therapie akuter nässender HV im Erwachsenenalter:

- Bei ausgedehntem Bef. steroidale Systemther., Beginn mit 100 mg Prednisolon (z.B. Solu-Decortin® H), rasch ausschleichen; zusätzlich sedierende Antihistaminika (z.B. Fenistil® 1–2 Amp./d i.v.).
- Phasengerechte Ekzemther.: Bei nässenden Läsionen „fett-feuchte" Behandlung, z.B. Alfason® Crelo unter Chinosol®-Umschlägen.
- Bei Impetiginisation: Antibiotische Systemther. nach Antibiogramm, antiseptische Lokalther. (feuchte Umschläge mit Chinosol®-Lsg.).
- Nach Besserung Übergang auf Ther. chron. ekzematöser HV (s.o.).

Systemtherapie bei schwerem therapierefraktärem Verlauf: Ciclosporin (Sandimmun-Optoral®) 5 mg/kg KG/d p.o., später Dosisanpassung, je nach klinischem Befund.

Therapie besonderer Varianten des atopischen Ekzems: Auswahl ☞ Tab. 12.1.

Tab. 12.1 Therapie besonderer Varianten des atopischen Ekzems (Auswahl)

Form des atopischen Ekzems	Klinik	Therapie
Hand- und Fußekzem	Verschiedene Varianten (dyshidrosiform, nässend, lichenifiziert)	☞ 11.8

Tab. 12.1 Therapie besonderer Varianten des atopischen Ekzems (Auswahl) (Forts.)

Form des atopischen Ekzems	Klinik	Therapie
Pulpitis sicca	Trocken-rissige HV an den Finger- und/oder Zehenspitzen	Schutz vor Feuchtigkeit, rückfettende Reinigung (z.B. Eucerin® pH 5 Handwaschöl), rückfettende Externa (z.B. Alfason® Repair); intervallartiger Einsatz externer Steroide (z.B. Ecural® Fettcreme, ggf. unter Baumwollhandschuhen)
Cheilitis simplex	Trockene, aufgesprungene Lippen	Schutz vor Feuchtigkeit, v.a. „Lippenlecken"; Pflege z.B. mit Eucerin® acute lip balm, intervallartiger Einsatz steroidaler Lokalther. (z.B. Hydrocortisonacetat 0,5% in Vaselinum album)
Atopisches Lidekzem	Rötung, Schwellung, Lichenifikation im Lidbereich	Schutz vor Zugluft und Austrocknung (Abstellen des Gebläses im Auto), auslösende Allergene (v.a. Aeroallergene wie Hausstaubmilbenallergene meiden), kurzzeitige steroidale Lokalther. (z.B. Hydrocortisonacetat 0,5% in Vas. alb. oder Protopic® 0,03% Salbe), Kompressen mit kaltem Schwarztee nach Eincremen der Augenlider mit Vaseline
Atopisches Gehörgangsekzem	Stark juckende Lichenifikation des Gehörganges	Kurzzeitig mittelstarkes Steroid (z.B. Dermatop® Creme) mit Ohrstäbchen einbringen, danach rückfettende Externa (z.B. Physiogel® A.I. Creme)

Tab. 12.1 Therapie besonderer Varianten des atopischen Ekzems (Auswahl) (Forts.)

Form des atopischen Ekzems	Klinik	Therapie
Atopisches Analekzem	Trockene lichenifizierte Ekzematisation, starker Pruritus	Niedrig potente Steroidcreme (z.B. Linola® Cort Hydro 0,5), Bad in schwarzem Tee, später pflegende Lokalther.; feuchte Toilettenpapiere (Allergencocktail!), chron. Irritation und scharf gewürzte Speisen und Multivitamingetränke meiden

13 Allergien und Unverträglichkeitsreaktionen

13.1 Rhinoconjunctivitis allergica

Steckbrief

Durch Aeroallergene hervorgerufene Soforttyp-Reaktion an Nasenschleimhaut und Konjunktiven, saisonal (z.B. Heuschnupfen durch Pollenallergene) und/oder perennial (Hausstaubmilben, Schimmelpilze, Tierepithelien). Typisch Pruritus, Rhinorrhoe, Niesattacken, Tränenfluss. Die Pollenmenge korreliert nicht mit der Allergenmenge.

Therapie

Saisonale Rhinoconjunctivitis allergica: Saisonale Allergene (z.B. Pollen): Meidung ist nur eingeschränkt möglich.

- **Leichte Rhinitis/Konjunktivitis:** Versuch mit Cromoglicinsäure-Dinatriumsalz (z.B. Cromohexal® Nasenspray/Augentr.) oder Levocabastin (z.B. Livocab® Nasenspray/Augentr.).
- **Mäßige Beschwerden:** Bei Beginn der klinischen Symptomatik Antihistaminika (z.B. Telfast®, 1 × 1 Tbl./d, ab 6 J.) durchgehend einnehmen bis Saisonende (bei geringem Pollenflug, z.B. bei längeren Regenzeiten kann ggf. auf Einnahme verzichtet werden). Bei starker nasaler Obstruktion zusätzlich steroidhaltiges Nasenspray (z.B. Nasacort®, ab 6 J. oder Nasonex®, ab 6 J.). Kinder ab 1 J. Desloratadin (z.B. Aerius® Sirup 2,5 ml am Abend).
- **Schwerste klinische Symptomatik:** Kurzzeitig steroidale Ther., z.B. Decortin® H, 20 mg/d, Dosis rasch ausschleichen, Übergang auf Antihistaminikum.
- **Kausalther.** durch Hyposensibilisierung (SCIT) möglich (s.u.).

Tipps bei saisonaler Rhinoconjunctivitis allergica:

- Allergenquellen (z.B. blühende Wiesen) meiden.
- Nachts bei geschlossenem Fenster schlafen.
- Garderobe nicht im Schlafzimmer ablegen.

- Abends duschen (um Pollen abzuspülen) inklusive Haarwäsche.
- An Pollenfilter für Auto / Staubsauger denken, regelmäßig wechseln.
- Nach Regenschauer nicht draußen aufhalten.

Perenniale Rhinoconjunctivitis allergica:

- **Hausstaubmilbenallergie:** Wichtigste Maßnahme: Sanierung des Schlafzimmers, Encasings für Matratzen, Oberbett und Kissen (auch Bett des Partners versorgen), kein Teppichboden im Schlafzimmer (besser: Fliesen, wischbarer Korkfußboden). Wenn keine Besserung SCIT, vorher zurDiagnosesicherung nasale Provokation.
- **Tierepithelienallergie:** Tier 1 ×/Wo. waschen (v.a. Hunde), oft jedoch Abschaffung des Tieres oder sogar Wohnungswechsel erforderlich (v.a. bei Katzenallergie).
- **Schimmelpilze:** Sanierung von Feuchtstellen, Klimaanlagen. Außenisolation statt Innenisolation.

13.2 Insektengiftallergie

Steckbrief

Soforttyp-Allergie auf Insektengifte, v.a. Bienen- und Wespengift. Klinische Symptomatik reicht von Lokalreaktionen bis zum lebensbedrohlichen anaphylaktischen Schock. ¼ der Bevölkerung ist gegen Bienen- oder Wespengift sensibilisiert, ca. 3% reagieren allergisch.

Therapie

- Lokalreaktion / gesteigerte Lokalreaktion: Lokales Steroid (z.B. Ecural® Fettcreme), Kühlung (z.B. Cool packs oder feuchte Umschläge), Antihistaminikum (z.B. 1 Tbl. Telfast® 180 mg / Xusal®).
- **Anaphylaktische Reaktion:** ☞ 6.1.
- **Bei nachgewiesener Insektengiftallergie:** Notfallmedikamente verordnen, die der Pat. dauernd mit sich führen muss (Pat. vorher genau über Gebrauch informieren und schulen; 1 ×/J. Verfallsdatenkontrolle.).
  - Antihistaminikum (z.B. Fenistil® Tr.).

- Glukokortikoid (z.B. Celestamine® N liquidum, erst im Mund spülen, dann schlucken).
- Adrenalin (z.B. Fastjekt®-Autoinjektor).

β-Blocker (gilt auch für Augentropfen!), ACE-Hemmer (nur noch KI bei Bienen-/Wespengiftallergie) und Angiotensin-II-Rezeptor-Antagonisten auf andere Medikamente umsetzen, da z.B. β-Blocker die Ansprechbarkeit auf Katecholamine vermindern.
Kausalther. (Hyposensibilisierung) anstreben, da sehr hohe Erfolgsquoten (s.u.). Pat. mit Mastozytose lebenslange SCIT, gilt auch für Pat., mit einem Herzstillstand nach Stich.

Hyposensibilisierung (SCIT)

Kausalther. bei bestimmten Soforttyp-Allergien. Hohe Erfolgsquoten bei Insektengiften (> 90%), Pollen (ca. 75%), Hausstaubmilben (ca. 75%). Subkutane Applikation des Allergens in aufsteigender Dosierung zur Induktion einer Toleranz. Von der WHO wird für das Hauptallergen pro Erhaltungsdosis eine Konzentration von 5–20 µg empfohlen. Prinzipiell keine Altersbeschränkung, empfohlener Beginn der SCIT im Schulalter. Kinder sollten in Begleitung eines Erwachsenen kommen. Eine vor der Schwangerschaft begonnene SCIT und SLIT können fortgeführt, sollten nicht begonnen werden. SCIT und SLIT können in der Stillzeit angefangen werden.
Neben der klassischen SCIT kommt bei der Gräserpollenallergie im Erwachsenenalter in ausgewählten Fällen die sog. SLIT in Tropfenform (z.B. Allerslit® forte, SLIT ONE Tropfen) zum Einsatz.

! Unbedingt beachten

- Kontraind. berücksichtigen (v.a. Einnahme von β-Blockern, AT1-Agonisten und ACE-Hemmern, Gravidität, schwere Autoimmunerkr., Malignome mit aktuellem Krankheitswert, insuffiziente Compliance).
- Notfallmedikamente zur Ther. eines anaphylaktischen Schocks bereithalten ☞ 6.1.
- Pat. muss nach der Ther. ½ h in der Praxis bleiben und darf sich am Tag der Ther. keiner körperlichen Belastung (v.a. Sport) aussetzen und keinen Alkohol konsumieren.
- Pat. mit Asthma erst in Zusammenarbeit mit Pneumogen „therapiebereit" machen (FEV_1 > 70%).
- Injektion streng s.c. in abgehobene Hautfalte des dorsalen Oberarmes, v.a. bei Insektengiftallergien sehr langsam unter mehrfacher Aspiration injizieren (14er- bis 18er-Kanüle).

Insektengiftallergie: Bei anamnestisch schwerer anaphylaktischer Reaktion Bestimmung der Serumtryptase zur Aufdeckung einer okkulten Mastozytose, dann Einleitung der SCIT in der Klinik als Rush-Hyposensibilisierung (ca. 5 d stat. Aufenthalt, täglich mehrfache Allergenapplikation), z.B. mit Reless®-Wespen-/Bienengift oder Venomil® Wespe/Biene; Fortführungsbehandlung in der Praxis über 5 J. oder länger. Genaue Schemata werden von den Herstellern (z.B. ALK-Scherax, Bencard) zur Verfügung gestellt.
Pollenallergie: Behandlung in der Praxis über 3 J., Kombination von max. 3 Allergenen möglich, keine Mischung von Frühblüher- und Gräserpollen, sowie keine Mischung von saisonal und perennial vorkommenden Allergenen; Schemata werden von den Herstellern (z.B. ALK-Scherax, Allergopharma) zur Verfügung gestellt.

13.3 Nahrungsmittelunverträglichkeiten

Steckbrief

Nahrungsmittelunverträglichkeit durch Intoleranz (häufig) oder Allergie (selten). Variable klinische Symptomatik (z.B. Urtikaria, Angioödem, Pruritus, Rhinitis, Asthma, orales Allergiesy., GI-Symptomatik, anaphylaktische Reaktion). Oft bereits Min. nach Nahrungsaufnahme eintretend. Zur Identifikation auslösender Nahrungsmittel ist oft ein Nahrungsmitteltagebuch hilfreich. Nahrungsmittelallergien im Kleinkindalter und Intoleranzreaktionen können sich wieder verlieren.

Therapie

Allgemeine Maßnahmen:

- Aufnahme reaktionsfördernder Stoffe meiden (z.B. ASS, Alkohol).
- Bei anaphylaktischen Reaktionen Notfallset verordnen ☞ 6.1.

Maßnahmen bei Intoleranzreaktionen:

- Meidung auslösender Nahrungsmittelzusätze (Farbstoffe, Konservierungsstoffe, Salizylate).
- Möglichst frisch zubereitete Gerichte verzehren und auf konservierte oder suspekte Nahrungsmittel (v.a. in Süßigkeiten) verzichten.

Maßnahmen bei Nahrungsmittelallergie:

- Meidung auslösender Nahrungsmittel, ggf. Diätplan in Zusammenarbeit mit Ökotrophologen entwickeln.
- Klinisch relevante Kreuzallergien berücksichtigen und entsprechende Nahrungsmittel meiden.
  - Beifußpollen – Sellerie, Petersilie, Kamille, Karotte, Anis, Dill, Fenchel, Kümmel, Sonnenblumenkerne.
  - Birken-, Haselpollen – Apfel, Pfirsich, Kirsche, Haselnuss, Mandel, Walnuss, andere Nüsse.
- Bei Kindern: Primäre Prävention durch Meidung ggf. allergieauslösender Nahrungsmittel (Ei, Kuhmilch, Nüsse, Schokolade, Fisch) in den ersten 1–2 LJ.

13.4 Latexallergie

Steckbrief

Soforttyp-Allergie auf Naturlatex. Variabel starke Ausprägung (von Kontakturtikaria bis zum anaphylaktischen Schock). Gehäuft bei medizinischem Personal (ca. 17%) und bei Menschen mit OP im Kleinkindalter (z.B. Spina bifida). Kreuzallergenität mit Birkenfeige (Ficus benjamina).

Therapie

Kausalther. ist bislang nicht möglich.

- Meiden von Latexprodukten (Gummizüge in Unterwäsche, Latexhandschuhe, Luftballons, Kondome etc.). Präventionsmaßnahmen bei anstehenden Ops (keine Latexhandschuhe, keine latexhaltigen Intubations- oder Infusionsbestecke).
- Bei nachgewiesener Sensibilisierung „Medic-Alert" Armband.
- Bei schwerer Reaktion Notfallset (☞ 6.1, Pat. gründlich unterweisen).

13.5 Urtikaria

13.5.1 Spontane Urtikaria

Steckbrief

Akute Urtikaria meist unklarer Genese, ggf. durch Medikamente (z.B. ASS), Nahrungsmitteladditiva (z.B. Farbstoffe, Konservierungsstoffe), infektallerg. Mechanismen oder als Summationseffekt (z.B. Pizza plus Rotwein plus ASS).

Therapie

- **Allgemeine Maßnahmen:** Auslösende Agenzien meiden, ggf. vorhandenen Insektenstachel entfernen und steroidale Lokalther. der Stichstelle.
- **Leichte Form (wenige Urticae):** H_1-Blocker, z.B. Telfast® 120 mg 1 × 1 Tbl., Lokalther. mit Lotio alba aquosa (kann mit Pinsel auf Urticae aufgetragen werden). Bei Zunahme der Urticae kann die Dosis des Antihistaminikums erhöht

werden (z.B. 3 × 1 Tbl. Telfast® 120 mg oder Aerius® 4 × 1 Tbl.); alternativ 50 mg Decortin® H für 3 d.

- **Generalisierte Form und/oder Kombination mit Angioödem:** Steroidale Systemther., Beginn mit Prednisolon (z.B. Solu-Decortin® H, 250 mg i.v.) und Dimetinden (Fenistil®) 1 × 1 Amp. i.v., bei fehlender Besserung ggf. Wiederholung.

Stat. Aufnahme bei schwersten Quaddelschüben, Luftnot und progressiver Symptomatik.

13.5.2 Chronische Urtikaria

Steckbrief

Unterschieden wird die chron. kontinuierliche von der chron. rez. Urtikaria. In 70% bleibt die Ursache unklar, in 30% lassen sich verschiedene Ursachen eruieren (Nahrungsmittel-, Arzneimittelintoleranzen, infektallerg. Mechanismen z.B. Tonsillitis Helicobacter-pylori-Infektion, Allergien, hormonelle Ursachen, Stress). Kombination mit Angioödem.

Therapie

Beseitigung der Ursachen soweit diese eruierbar sind. Pseudoallergenarme Diät für mindestens 3 Wo.
Längerfristige Gabe eines H_1-Blockers (z.B. Telfast® 180 mg, 1–2 × 1 Tbl./d).

13.5.3 Weitere Urtikariaformen (☞ Tab. 13.1)

Tab. 13.1 Therapie der Urtikaria

Urtikariaform	Auslöser (Beispiele)	Therapie
Nichtallergische Kontakturtikaria	Duft-/Aromastoffe, Arthropoden, Pflanzen, Metalle, Medikamente	Auslöser meiden

Tab. 13.1 Therapie der Urtikaria (Forts.)

Urtikariaform	Auslöser (Beispiele)	Therapie
Allerg. Kontakturtikaria	Pflanzenprodukte, Nahrungsmittel, Antibiotika, Metalle, tierische Produkte	Auslöser meiden, ggf. H_1-Blocker (z.B. Telfast® 120/180 mg 1 × 1 Tbl.), wenn Meidung nicht möglich
Cholinergische Urtikaria	Körperliche Belastung, Wärmestau	Auslöser meiden, ggf. H_1-Blocker (z.B. Telfast® 180 mg), wenn Meidung nicht möglich, bei Therapieresistenz Dosis erhöhen
Urticaria factitia	Scherkräfte bei Reizbarkeit der Haut	Auslöser meiden, weite Kleidung, irritative Hautreizungen meiden, ggf. H_1-Blocker
Verzögerte Druckurtikaria	Mehrere h nach Druckexposition auftretende Urticae, v.a. Hände, Füße, Gesäß	Auslöser meiden, falls möglich; H_1-Blocker hoch dosiert; Versuch mit niedrig dosierten Steroiden (z.B. Decortin® H 5–7,5 mg/d) oder Versuch mit DADPS (Dapson-Fatol 50–150 mg/d)
Kälteurtikaria	Urticae nach Kältekontakt, ggf. durch Medikamente oder Inf. getriggert; Sprung in kaltes Wasser kann lebensgefährlich sein	Auslöser meiden, Therapieversuch mit Penicillin-V-Wolff® 3 × 1,5 Mio. IE/d über 3 Wo. oder 2 × 100 mg Doxycylin (z.B. Doxy-Wolff® Tabs) über 3 Wo., H_1-Blocker (z.B. Telfast® 120/180 mg), Abhärtung durch allmähliche Gewöhnung an Kälte
Wärmeurtikaria	Urticae nach direkter äußerer Wärmeeinwirkung oder passiv (heiße Getränke)	Auslöser meiden, Versuch mit H_1-Blocker (z.B. Telfast® 120/180 mg), ggf. Indometacin (Sandoz®) 50–150 mg/d

Tab. 13.1 Therapie der Urtikaria (Forts.)

Urtikariaform	Auslöser (Beispiele)	Therapie
Lichturtikaria (Urticaria solaris)	Urticae nach Lichteinwirkung	Toleranzinduktion, vorher Bestimmung von MED bzw. MUD. Nach Erreichen der max. tolerierten Dosis, Fortführung als Dauerther. 2 ×/Wo. Textiler Lichtschutz mit entsprechender Kennzeichnung (UPF 40 hyphen® Bekleidung) + chemischer Lichtschutz (z. B. Anthélios XL 50+), ggf. Resochin® initial 250 mg/d, später 250 mg/Wo. verteilt auf 2 ED

13.6 Angioödem

Steckbrief

Tiefes Ödem der Dermis durch verschiedene Auslöser. Führt ggf. zu monströsen Schwellungen, v.a. im Gesicht. Beteiligung von Zunge, Larynx, Pharynx kann zu lebensbedrohlicher Atemnot führen. Selten durch hereditären Cholinesterase-Inhibitormangel. Beginn Jugendalter, bei ♀ schwererer Verlauf, Larynxödem selten.

Syn.: Quincke-Ödem, Angioneurotisches Ödem.

Therapie

Therapie bei normalem Cholinesterase-Inhibitor:

- Auslöser meiden (v.a. an ACE-Hemmer, AT1-Agonisten und Östrogene denken, die auch nach längerer Einnahme (Jahre!) ein Angioödem auslösen können).
- Stat. Aufnahme bei Kloßgefühl, Atemnot.
- Ther. wie generalisierte Form der Urtikaria (s. o.).

Akuttherapie bei hereditärem Cholinesterase-Inhibitormangel:

Adrenalin (?), Steroide und H_1-Blocker wirken nicht!

- Einweisung in spezielles Zentrum.
- Analgetika oder Narkotika gegen Schmerzen.
- Bei Erstickungsgefahr Intubation, Konio-/Tracheotomie.
- C_1-INH-Konzentrat 500–1500 E in 10–30 ml 0,9% NaCl-Lsg. (z.B. Berinert® P) langsam i.v., falls nicht vorrätig 500–2000 ml Frischplasma oder fresh frozen plasma.

13.7 Ausgewählte Arzneimittelreaktionen (☞ Tab. 13.2)

Tab. 13.2 Therapie von Arzneimittelreaktionen

Arzneimittelreaktion	Klinik	Therapie
Fixes Arzneimittelexanthem	Immer an derselben Stelle auftretende Erythemherde, v.a. Palmae, Plantae, Genitale und Mundschleimhaut	Auslösendes Medikament (z.B. Tetrazykline) ab- oder umsetzen, bei schwerer Reaktion Prednisolon (z.B. Decortin® H) 60 mg/d, entsprechend der Klinik schrittweise Reduktion
Toxisches Pustuloderm	Disseminierte Pustulation auf Erythemherden, v.a. in den Beugen	Auslösende Medikamente ab- oder umsetzen, KEINE Steroide!, H_1-Blocker (z.B. Telfast® 120/180 mg 1 × 1 Tbl.), Lokalther. mit Lotio alba aquosa

Tab. 13.2 Therapie von Arzneimittelreaktionen (Forts.)

Arzneimittel-reaktion	Klinik	Therapie
Erythema (exsudativum) multiforme	Medikamenten-induziert oder nach Herpes-Inf. **Minorform:** kokardenartige Effloreszenzen mit zentraler	Auslösende Medikamente ab- oder umsetzen **Minorform:** Lotio alba aquosa, evtl. lokal Steroide (z.B. Dermatop® Creme)
	Majorform: Ausgedehnte Blasenbildung, Schleimhaut- und Augenbeteiligung	**Majorform:** Stat. Aufnahme, syst. Steroid (z.B. Solu-Decortin® H 100–150 mg/d), Dosis langsam ausschleichen, intensivmedizinische Betreuung, Verbrennungsbett, Mundspülungen, Sitzbäder, ophthalmologisches Konsil Schwerste Formen wie TEN behandeln

14 Blasenbildende Erkrankungen

14.1 Kongenitale blasenbildende Erkrankungen (☞ Tab. 14.1)

Tab. 14.1 Klinik und Therapie ausgewählter kongenitaler blasenbildender Erkrankungen

Erkrankung	Charakteristika/ Klinik	Therapie
Epidermolysis bullosa simplex Köbner	AD vererbte intraepitheliale Blasenbildung. In den ersten Lebensmon. auftretende generalisierte Blasenbildung, v.a. an Händen und Füßen. Durch Hitze und Schwitzen provoziert. Meist Besserung im Alter	Meidung von Wärme und Schwitzen; leichte Kleidung, möglichst wenig mechanische Belastung. Schwitzneigung durch Sweat-off® vermindern. Blasendecken eröffnen und lokal antiseptisch behandeln (z.B. Betaisodona®-Salbe)
Epidermolysis bullosa simplex Weber-Cockayne	AD vererbte intraepitheliale Blasenbildung mit Beginn der Blasenbildung in der Kindheit. Blasenbildung v.a. an Händen und Füßen im Sommer und bei mechanischer Belastung	Bei starker Blasenbildung kurzzeitig hochdosiert Kortikosteroide einsetzen (z.B. Solu-Decortin® H; Beginn mit 100 mg/d, rasch ausschleichen). Ab 9 J.: Tetracyclin (Wolff®) 1 g morgens, 0,5 g abends über 4 Mon.

Tab. 14.1 Klinik und Therapie ausgewählter kongenitaler blasenbildender Erkrankungen (Forts.)

Erkrankung	Charakteristika/ Klinik	Therapie
Pemphigus chronicus benignus familiaris (M. Hailey-Hailey)	AD vererbte Erkr. Entstehung von schmierig belegten Erythemen in den Axillen. Massiver Pruritus	Meidung von Auslösern (Hitze, starkes Schwitzen); kurzzeitiger Einsatz von Kortikosteroiden (z. B. Locacorten®-Vioform®-Paste), Ther. einer Superinf. (z. B. Candida-Inf., Streptokokkeninf.). Schwerste Verläufe: Abtragung des Areals mit CO_2-Laser oder Exzision und Deckung mit Spalthauttransplantat

14.2 Immunologische blasenbildende Erkrankungen

14.2.1 Pemphigus vulgaris

Steckbrief

Entstehung von intraepithelialen Blasen durch AK gegen epidermale Proteine. Blasen platzen schnell und hinterlassen schmerzhafte Erosionen. In 50% Schleimhautbeteiligung.

- Pemphigus vegetans: V. a. intertriginöse Pemphigusform mit Entstehung fötider Vegetationen.
- Pemphigus foliaceus: Intrakorneale Blasenbildung (v. a. Gesicht, Kapillitium).
- Pemphigus erythematosus: Krustenbedeckte Erytheme in seborrhoischen Zonen.

Therapie

Systemtherapie:

- Kombination von Prednisolon, z.B. Decortin® H (Beginn mit 100 mg/d bis Blasenbildung unterdrückt ist, dann sehr vorsichtige Dosisreduktion → Blasenbildung muss unterdrückt bleiben) mit Azathioprin (Imurek®, 150 mg/d, Dosisreduktion versuchen, wenn Prednisolon weit reduziert ist).
- Bei Therapieresistenz: Dexamethason-Cyclophosphamid-Stoßther. (auf Blasenschutz achten!) + Plasmapherese, sonst Rebound. Weitere Möglichkeit Rituximab (MapThera®) in einer Dosis von 375 mg/m^2 KOF i.v. 1 ×/Wo. für 4 Wo.

Lokaltherapie:

- **Mundschleimhaut:** Spülungen mit Fortecortin-Lsg. (1 Tbl. auf 100 ml Aqua fontana, 2 × 2 Min. gurgeln), Auftragen von Volon® A Haftsalbe, wenn wenig Besserung 2%ige Ciclosporin-A-Haftpaste (NRF 7.8) 3 ×/d dünn auftragen.
- **HV:** Lokale Kortikosteroide (z.B. Alfason®Crelo); nässende Veränderungen mit Chinosol®-Umschlägen versorgen: Abdeckung mit Oleo Tüll®-Gaze, damit Verbände nicht ankleben; Intertrigines mit Leinenläppchen abdecken. Bei Sekundärinf.: Vioform® 2% in Ungt. emuls. aquos. 1–2 ×/d dünn auftragen.

> Superinf. müssen schnell erkannt und behandelt werden, da erhöhte Ausbreitungsgefahr wegen Immunsuppression besteht.

14.2.2 Bullöses Pemphigoid

Steckbrief

Entstehung praller Blasen durch subepidermale Blasenbildung. V.a. im höheren Erwachsenenalter. Auslöser: Medikamente, UV, ggf. auch paraneoplastisch.

Therapie
Auslöser meiden. Kombination von Prednisolon, z.B. Decortin® H (Beginn mit 75–100 mg/d) mit Azathioprin (Imurek®, 100 mg/d). Bei guter Suppression der Blasenbildung Steroid langsam bis auf ca. 10 mg/d reduzieren, dann Beginn der Reduktion von Azathioprin.
Therapierefraktäre Fälle: Versuch mit DADPS ☞ 14.2.4 (Dapson-Fatol) 100–150 mg/d oder Ciclosporin A 5 mg/kg KG/d (z.B. Sandimmun® Optoral) p.o.
Lokalther.: Wie Pemphigus vulgaris (☞ 14.2.1)

14.2.3 Vernarbendes Schleimhautpemphigoid

Steckbrief
Wahrscheinlich Variante des bullösen Pemphigoids mit vornehmlichem Schleimhautbefall (Mundschleimhaut, Larynx, Ösophagus, Konjunktiven). Sehr therapierefraktär, Gefahr der Erblindung durch Synechienbildung.

Therapie
Zunächst **Lokalther.**
- **Mundschleimhaut:** Spülungen mit Betamethason-Lsg. (z.B. Celestamine® N liquidum) und/oder Einsatz von Haftsalben (z.B. Volon® A Haftsalbe), bei fehlendem Ansprechen 2%ige Ciclosporin-Haftpaste (NRF 7.8).
- **Auge:** Lokal Steroide (z.B. Ficortril® Augensalbe), bei fehlendem Ansprechen Ciclosporin 1–2% in Erdnussöl (NRF 15.21).

Systemther., wenn Lokalther nicht anspricht: Dexamethason-Cyclophosphamid-Stoßther. oder Dapson-Fatol 50–200 mg/d.

14.2.4 Dermatitis herpetiformis Duhring (DHD)

Steckbrief
Auftreten gruppierter Bläschen auf erythematösem Grund, v.a. am Stamm, typischer brennender Pruritus. Auslöser: Jod. Assoziation mit glutensensitiver Enteropathie (erhöhtes Krebsrisiko, z.B. Non-Hodgkin-Lymphome, v.a. das primäre

intestinale T-Zell-NHL, das sich immer auf dem Boden einer diätetisch vernachlässigten oder stummen Zöliakie nach J. entwickelt).

Therapie

Lebenslange gliadinfreie Diät. Immer Systemther. erforderlich.
Systemther.: DADPS (z.B. Dapson-Fatol) 100–150 mg/d (immer mit Vit. C kombinieren, z.B. Cebion® Brausetbl. 1 g/d) über mindestens 6 Mon. Bei Sulfonamidallergie: Colchicin (z.B. Colchicum-Dispert®, 3 × 0,5 mg/d) in Kombination mit Prednisolon.
Lokalther.: Antipruriginosa (z.B. Pruricalm® Lotio).

14.2.5 Lineare IgA-Dermatose

Steckbrief

Seltene Erkr. mit Ähnlichkeit zur Dermatitis herpetiformis Duhring. Besondere Variante auch im Kindesalter (bullous disease in childhood).

Therapie

- **Erw.:** Wie DHD (☞ 14.2.4).
- **Kinder:** DADPS (z.B. Dapson-Fatol) 0,5–2 mg/kg KG/d, zusätzlich Vit. C (z.B. Cebion®) 500 mg/d. Schwerste Schübe: Syst. Steroide.

15 Erythematöse, erythematosquamöse und pustulöse Erkrankungen

15.1 Erythem

Steckbrief

Flächenhafte Hautrötung infolge Erweiterung und vermehrter Füllung der kutanen Blutgefäße, die im Gegensatz zur Purpura unter Glasspateldruck verschwindet.

Therapieprinzip

Figurierte, multiforme und nodöse Erytheme weisen hin auf:

- Infektallergischen Mechanismus → Beseitigung der Inf. oder des Focus ist erforderlich.
- Unverträglichkeitsreaktionen → Medikamenten- und Nahrungsmittelanamnese.
- Tumorerkrankungen → einzelne figurierte Erytheme sind Paraneoplasien.

Externe Ther. möglichst indifferent (Lotio alba aquosa, milde Steroide), Systemther. zur Behandlung der Ursache oder Dämpfung eines infektallergischen Mechanismus. Bei Pruritus Antihistaminikum (z. B. Aerius® 1 × 1).

Therapie (☞ Tab. 15.1)

Tab. 15.1 Erythemtherapie

Erkrankung	Klinik	Therapieprinzip	Lokaltherapie	Systemtherapie
Erythema anulare centrifugum	Erhabene urtikarielle Erytheme (Zebrahaut)	Ther. der Grunderkr. (Candidose, Medikamenten-/Nahrungsmittelunverträglichkeit), ext. und int. Steroide	Ecural® Fettcreme 1–2 ×/d	Nur bei Therapieresistenz Prednison i.v., in ausschleichender Dosierung, Beginn mit 100 mg, niedrige Erhaltungsdosis

Tab. 15.1 Erythemtherapie (Forts.)

Erkrankung	Klinik	Therapieprinzip	Lokaltherapie	Systemtherapie
Erythema gyratum repens Gammel	Girlandenartige urtikarielle Erytheme	Suche nach Tumor (obligate Paraneoplasie!) u.a. Lymphome	Ecural® Fettcreme 1–2 ×/d (Ther. ist symptomatisch!)	Keine
Erythema marginatum/anulare rheumaticum	Randbetonte flüchtige Erythemherde	Penicillin ist Ther. der Wahl, immer an mögl. Karditis denken	Ecural® Fettcreme (Ther. ist symptomatisch!)	Penicillin G 3–5 Mio. IE/d für 10 d i.v.
Erythema elevatum et diutinum	Polyzyklische, blaurote Infiltratherde an den Extremitäten	Infektallergische Erkr., nach Beseitigung der Inf. Heilung, bis dahin symptomatische Ther.	Lotio alba aquosa	Prednison i.v. in ausschleichender Dosierung, Beginn mit 100 mg, niedrige Erhaltungsdosis
Erythema nodosum	Knotige, schmerzhafte Infiltrate, v.a. Extremitätenstreckseiten	Infekt- oder medikamentenallergisch; mögliche Ursachen: Streptokokkeninf., Tbc, Sarkoidose, Darminf., Toxoplasmose, M. Crohn	Steroide unter Folienokklusion z.B. Ecural® Fettcreme, Ruhigstellung und Kühlung mit Kochsalzumschlägen	Prednison i.v. in ausschleichender Dosierung, Beginn mit 100 mg, niedrige Erhaltungsdosis

Tab. 15.1 Erythemtherapie (Forts.)

Erkrankung	Klinik	Therapieprinzip	Lokaltherapie	Systemtherapie
Akute febrile neutrophile Dermatose	Leicht erhabene urtikarielle HV mit „Pseudovesikeln", Fieber	Meist infekt-allergisch, selten bei myeloproliferativen Erkr.	Lotio alba aquosa	Prednison 75 mg/d über 2–3 d, dann 30 mg/d, dann tägliche Reduktion in 5-mg-Schritten

15.2 Erythrodermien

Steckbrief

Generalisierte Rötung der Haut als gemeinsame Endstrecke ätiologisch verschiedenartiger Erkr. Die ursprüngliche Erkr. ist dabei nicht mehr erkennbar.

Therapieprinzip

Stat. Einweisung. Kontrolle der Vitalparameter (RR, EKG, Temp., Flüssigkeitsbilanzierung). Kombinierte steroidale Systemther. und Lokalther. Ist die Grunderkr. aus der Anamnese bekannt (z. B. Psoriasis, Lichen ruber, atopisches Ekzem), Beginn einer spezifischeren Systemther., z. B. mit MTX.

Therapie

Interne Therapie:

- Prednisolon 150 mg i.v. als Kurzinfusion (z. B. Solu-Decortin® H) an 2–3 d, dann langsame Dosisreduktion in Abhängigkeit der Rückbildung des klinischen Bef.
- Antipruriginöse Ther. (z. B. 1 × 1 Tbl. Telfast® 180 mg), zur Nacht ggf. 1 Tbl. Planum®.
- Bei flächigen Erosionen antibiotische Ther., z. B. Ciproflox-Puren® Tbl. 2 × 250 mg/d.
- Beginn einer spez. Ther., wenn die Grunderkr. erkennbar werden sollte (z. B. PUVA-Bad-Ther. ☞ 3.3.2, MTX ☞ 2.2.3, Ciclosporin ☞ 2.2.3).

Externe Therapie: Kortikoidexterna, z.B. Alfason® Crelo, bei nässenden und superinf. Veränderungen auch Chinosol®-Umschläge.

15.3 „Parapsoriasis"-Gruppe

Steckbrief

Heterogene Gruppe von Erkr. die nichts mit der Psoriasis zu tun haben, sondern zu den Lymphomen zählen. Die Klassifikation ist nicht abgeschlossen. Die Erkr. weisen aber eine typische Klinik auf und sind gut abgrenzbar.

Therapie (☞ Tab. 15.2)

Tab. 15.2 Klinik und Therapie der Parapsoriasis

Erkrankung	Klinik	Therapie	Verlauf
Parapsoriasis en plaques, kleinherdige Form	Multiple, kleine, zigarettenpapierartige Plaques am Stamm	Sehr zurückhaltend: Pflegende Externa und ggf. niedrigdosierte UVB-Ther.	Chron. meist benigner Verlauf
Parapsoriasis en plaques, großherdig-entzündliche Form	Größere, entzündlich infiltrierte Plaques mit bizarren Randausläufern	Prinzip: So viel wie nötig, so wenig wie möglich! UVB- und PUVA-Bad-Fotother., bei ausgedehntem Bef. Re-PUVA, milde steroidhaltige Externa	Übergang in CTCL möglich, wird durch zu aggressive Ther. begünstigt
Parapsoriasis/Parakeratosis variegata	Netzartige, lichenoide, bräunliche Papeln am Stamm	Wie großherdige Parapsoriasis en plaques	

Tab. 15.2 Klinik und Therapie der Parapsoriasis (Forts.)

Erkrankung	Klinik	Therapie	Verlauf
Pityriasis lichenoides et varioliformis acuta/chronica	Disseminierte schuppende Erytheme mit zentraler Hämorrhagie	Fokussuche! ggf. antibiotische Ther. Topische Steroide (z.B. Dermatop® Creme), PUVA-Bad-Ther. Syst. Steroide nur bei ulzeronekrotischem Verlauf; Beginn mit 60 mg Prednisolon (z.B. Solu-Decortin® H), als Ultima Ratio 2,5–5 mg MTX/Wo.	Allmähliche Heilung nach Mon.

15.4 Pityriasis rosea

Steckbrief

Harmlose, **selbstlimitierende** Erkr. Typischer Beginn mit Primärmedaillon. Oft ausgedehntes klinisches Bild mit multiplen, randständig schuppenden Herden an Stamm und Extremitäten (Gesicht bleibt frei). Bei **Dunkelhäutigen** meist starker Pruritus, hinterlässt unbehandelt hyperpigmentierte Narben.

Therapieprinzip

Keine Ther. erforderlich, sondern Aufklärung des Pat. über Harmlosigkeit und Heilung innerhalb einiger Wo. Pat. sollte keine aggressiven Reinigungen, Bürstungen etc. vornehmen, sondern allenfalls mit milden Seifen (z.B. Dove®-Seife) duschen und ggf. Pflegelotion auftragen (z.B. Physiogel® Lotio). Falls eine Ther. erfolgen soll, sind u.a. folgende Möglichkeiten gegeben:

- Breitband-UVB niedrig dosiert, z.B. 3 mJ/cm^2 jeden 2. d um 3 mJ/cm^2 erhöht, 3 ×/Wo. (MO,MI,FR) über 2, selten 3 Wo. Bei **Dunkelhäutigen** kontraindiziert. Bei ihnen lokales Steroid (z.B. Laticort® Salbe 2 ×/d), ggf. Antihistaminikum mit sedierender Wirkung (z.B. Fenistil®-24-h).

- Erythromycin (Wolff®) 4 × 250 mg/d für 10 d (paraantibiotischer Effekt).

15.5 Pityriasis rubra pilaris

Steckbrief

Sehr seltene follikuläre Verhornungsstörung vom juvenilen und Erwachsenentyp, zunächst an Extremitätenstreckseiten, später am Kapillitium, Gesicht und Stamm. Unterschiedlicher Krankheitsverlauf: Heilung nach 1–3 J. oder chron. Sehr selten HIV-assoziierte Form.

Therapieprinzip

Kausalther. ist nicht bekannt. Individuell abzustimmende möglichst schonende Ther. mit pflegenden Externa (z.B. Excipial® U Lipolotio), Ölbädern (z.B. Balmandol Ölbad) und intervallartigem Einsatz steroidaler Externa (z.B. Ecural® Fettcreme). Bei ausgedehntem Bef. und hohem Leidensdruck PUVA-Bad-Ther. und/oder niedrigdosiertes Isotretinoin (z.B. Aknenormin®) initial 0,5–1,0 mg/kg KG/d, später 10 mg/d als Dauerther.

15.6 Psoriasis

Weltweit leiden ca. 2% der Bevölkerung an Psoriasis, die mit verschiedenen Genloci (PSORS 1–9) assoziiert ist und sich bezüglich klinischer Form, Ausdehnung und Lokalisation sehr variantenreich darstellt. Eine Universalther. der Psoriasis gibt es nicht. Hoher Leidensdruck.

Therapieprinzip

- Allgemeine Maßnahmen: Meidung äußerer Hautirritation, z.B. durch enge Kleidung, Sonnenbrand etc., Sanierungen entzündlicher Foci (z.B. chron. Tonsillitis), Meidung von Alkohol und scharfen Speisen („gesunde Ernährung“ bevorzugen), auslösende Medikamente meiden (z.B. β-Blocker, ACE-Hemmer, Chloroquin, Lithium, IFN). Rauchen einstellen. Gute Hautpflege (milde Syndets zum Duschen, danach rückfettende Externa).

- Kleinfleckige und sehr ausgedehnte Form der Psoriasis; v.a. bei Vorliegen eines entzündlichen Focus (grippaler Infekt, akute Tonsillitis, wurzelbehandelte Zähne etc.). Aufdeckung und Sanierung des Focus ist Voraussetzung, um „Nachschieben" der Psoriasis zu verhindern.
- Spezifische Maßnahmen: Richten sich nach Typ der Psoriasis, Ausdehnung, Lokalisation, Vorbehandlungen und Therapiewunsch/Compliance der Pat.

15.6.1 Psoriasis vulgaris

Steckbrief

Chron.-stationärer Typ: Typische erythematosquamöse Plaques an den Prädilektionsstellen (Ellenbogen, Schienbeine, Steißbeinregion, Kopfhaut).
Akut-exanthematischer Typ: Kleinfleckige Psoriasis mit ausgedehntem Bef., v.a. bei entzündlichen Foci.

Externe Therapie und UV-Therapie

Ein statisches Therapiekonzept existiert nicht. Der Erfolg der einzelnen Ther. hängt vom individuellen Ansprechen der Pat. ab. Voraussetzung einer erfolgreichen Lokalther.: Gute Ablösung der Schuppung vor Therapiebeginn.
Hierzu eignen sich z.B. Kerasal®-Basissalbe, Acid. sal. 5–10% in Vaselinum album (NRF 11.43). Die Verwendung solcher salizylsäurehaltiger Externa, teils unter Okklusivbedingungen, ist wegen der möglichen NW (Hörstürze, Nierenfunktions- und zentralnervöse Störungen) nicht unumstritten. Selbst auf die sog. Salizylölkappe kann durchaus verzichtet werden, da Ungt. emuls. aquos. bzw. Onguent La Roche-Posay ebenfalls Schuppenlösend wirken.

Tab. 15.3 Externe Therapie bei Psoriasis vulgaris

Therapeutikum	Vorgehen	Vorteil	Nachteil	KI
Dithranol	Dithranol mit 2% Acid. sal. in Vaselinum album in aufsteigender Konz. 1–2x/d. Beginn mit 0,05%, Steigerung in 3- bis 5-tägigen Intervallen je nach Verträglichkeit bis max. 1–2%	Zuverlässige Heilung der Herde nach einigen Wo.	Nur in der Klinik möglich, da starke Verfärbung von Wäsche und Sanitäreinrichtungen	Nicht bei Pustulation oder starker Irritation
Dithranol Min.-Ther. (z. B. Psoralon® MT 0,5–3%, Micanol® 1%/3%)	Dithranolapplikation in höheren Konz. (0,5–3%) 1 ×/d für 5–10 Min. einwirken lassen (Micanol® max. 30 Min.), danach mit Öllappchen (Micanol® mit lauwarmem Wasser) abwaschen	Externum ist nur kurze Zeit auf der Haut, gute Wirksamkeit bei kleinen Herden	Nur für differenzierte Pat. mit kleinen Psoriasisherden geeignet, Verfärbung von Wäsche und Sanitäreinrichtungen	Nicht bei Pustulation oder starker Irritation

Tab. 15.3 Externe Therapie bei Psoriasis vulgaris (Forts.)

Therapeutikum	Vorgehen	Vorteil	Nachteil	KI
Vit-D_3-Präp. (z. B. Psorcutan®, Curatoderm®)	Präp. 1–2 ×/d auf betroffene Stellen auftragen, **nicht** vor UV-Ther.	Mäßige bis gute Wirkung, Gesicht: Curatoderm® Salbe Kopfhaut: Psorcutan® Lsg. Curatoderm® Emulsion	Langsamer Wirkeintritt, leichte Irritation des Herdes, Präp. vergleichsweise teuer, **keine** Komb. mit salizylsäurehaltigen Präp.	Nicht bei großflächigem Befall (> 30% der KOF) wegen Gefahr der Hyperkalzämie
Topische Retinoide (Zorac®)	Präp. zunächst als 0,05%, bei guter Verträglichkeit später als 0,1% Gel 1–2 ×/d auf betroffene Stellen auftragen	Gute Wirkung bei kleinen Plaques, angenehme Galenik	Irritation der Haut, v. a. bei 0,1% Gel; nur für kleine Behandlungsareale geeignet, sehr teuer	Keine Anwendung über den Psoriasisherd hinaus, da stark irritierend, nicht im Gesicht und Genitalbereich anwenden
Topische Steroide (z. B. Elosalic®-Salbe, Betadermic® Salbe)	Präp. 1–2 ×/d auf betroffene Stellen auftragen	Gute Reduktion der Entzündung, gut geeignet zur Kombination mit anderen Lokalther.	Rebound nach Absetzen, keine längerfristige Erscheinungsfreiheit zu erreichen	Keine Langzeitanwendung über Mon. → Gefahr der Steroidatrophie

Tab. 15.3 Externe Therapie bei Psoriasis vulgaris (Forts.)

Therapeutikum	Vorgehen	Vorteil	Nachteil	KI
UVB/UVB 311nm PUVA-Bad-Ther.	3–5 ×/Wo. in aufsteigender Dosierung	Sehr wirksam, auch längerfristige Erscheinungsfreiheit über Wo., Neuentstehung von Herden wird unterdrückt	UV-Belastung (kanzerogenes Potenzial)	
PUVA-Creme-Ther.	3–5 ×/Wo. in aufsteigender Dosierung	UV-Wirkung nur am Psoriasisherd	Ther. ist aufwändig, nur für lokalisierte Psoriasis geeignet	

Kombinationsther. steigert oft die Wirkung.

Tab. 15.4 Kombinationstherapie bei Psoriasis vulgaris

Morgens	Abends	UV-Therapie	Solebäder
Lokales Steroid	Dithranol, Dithranol-Minutenther.	UVB/PUVA	+
Lokales Steroid	Vit.-D_3-Präp.	UVB/PUVA	+
Lokales Steroid	Topisches Retinoid	UVB/PUVA	+

Vit.-D_3-Präparate sind auch in Kombination mit Betamethasondipropionat erhältlich (Psorcutan® Beta, Daivobet®) und eignen sich zur Initialbehandlung einer Psoriasis vulgaris vom Plaquetyp.

Therapie besonderer Lokalisationen

Kopfhaut: Lösung der Schuppung über Nacht (z.B. Lygal® Kopfsalbe N okklusiv unter Duschhaube, morgens Haarwäsche mit teerhaltigem Shampoo (z.B. Tarmed®). Danach über einige d abends steroidhaltiges Gel (z.B. Diprosis®-Gel oder Clobex® Shampoo) ins feuchte Haar geben und über Nacht einwirken lassen, alternativ ins trockene Haar Clarelux® Schaum. Weitere Kopfwäsche mit teerhaltigem Shampoo und 1–2 ×/Wo. Ther. wiederholen.

Gesicht:

- Steroidcremes über einige d (z.B. Ecural®-Fettcreme), danach z.B. Curatoderm® Emulsion.
- Alternativ: Einsatz von Tacrolimussalbe, z.B. Protopic® 0,03% Salbe (Off-label use).
- Bei Lippenbeteiligung für einige d Flutivate® Creme 1–2 ×/d.

Äußerer Gehörgang: Steroidtinkturen (z. B. Ecural®-Lösung) für wenige d, danach z.B. Vit. D_3-Derivate (z.B. Curatoderm® Salbe).

Intertrigines und Scrotum:

- Reinigung des betroffenen Areals z.B. mit Olivenöl. Anwendung von Curatoderm® Salbe 1 ×/d.
- Alternativ: Einsatz von Tacrolimussalbe, z.B. Protopic® 0,03% Salbe (Off-label use).
- Bei mykotischer Überlagerung kurzzeitig Kombinationspräp. (z.B. Vobaderm®) einsetzen.

> Keine Langzeitanwendung von topischen Glukokortikosteroiden im intertriginösen Bereich (Atrophiegefahr!).

Interne Therapie:

- **Ind.:** Schwere Psoriasis, die nicht ausreichend auf Lokalther. anspricht, sehr ausgedehnt ist (> 30% der KOF) oder schnell rezidiviert.
- Kombination mit externer Ther. erhöht Wirksamkeit.

Tab. 15.5 Interne Therapie bei Psoriasis vulgaris

Therapeutikum	Indikation	Vorgehen
Fumarsäurederivate (Fumaderm® initial/ Fumaderm®)	Schwere Form der Psoriasis vulgaris	Beginn mit 1 Tbl. Fumaderm® initial, wöchentliche Steigerung um 1 Tbl. bis 3 Tbl. Fumaderm® initial, dann 1 Tbl. Fumaderm® und wöchentliche Steigerung bis max. 6 Tbl., Einnahme mit Milch
Methotrexat (z. B. Lantarel®)	Psoriasis pustulosa, Arthritis psoriatica, schwerste Psoriasis vulgaris	Initial 25 mg/Wo. i.m/i.v. oder oral, nach therapeutischem Effekt Reduktion auf 2,5–7,5 mg/Wo; bessere Verträglichkeit bei s.c. Applikation
Ciclosporin A (z. B. Immunosporin®)	Schwerste, anderweitig therapierefraktäre Psoriasis	Beginn mit 2,5–5 mg/kg KG/d, bei Besserung 2–3 mg/kg KG/d
Syst. Kortikosteroide	Nur über wenige d bei Psoriasiserythrodermie und Psoriasis pustulosa generalisata. Keine Dauerther.!	Beginn mit 100 mg Prednisolon (z. B. Solu-Decortin H®), schneller Dosisabbau binnen weniger d. Rebound möglich!
Acitretin (Neotigason®)	Psoriasis pustulosa, Psoriasis palmoplantaris, Psoriasiserythrodermie	Psoriasis pustulosa: zunächst 1 mg/kg KG/d bis sich Pustulation abschwächt, dann 0,1–0,5 mg/kg KG über mehrere Mon., Psoriasis palmoplantaris: 0,5 mg/kg KG über mehrere Mon., Erythrodermia psoriatica 0,3–0,5 mg/kg KG/d über 3–4 Wo., dann Dosissteigerung auf 1 mg/ kg KG/d über mehrere Mon.

Biologics:

- Präparategruppe, die gezielt in spez. pathogenetische Abläufe der Psoriasis eingreift.
- In Deutschland sind die Präp. als Secondline-Ther. zugelassen, die gemäß Zulassung erst dann eingesetzt werden dürfen, wenn eine „klassische" syst. Ther. (einschließlich Ciclosporin, MTX und PUVA) entweder nicht ausreichend wirksam war oder nicht vertragen wurde oder kontraindiziert ist.

Tab. 15.6 Therapie mit Biologics bei Psoriasis vulgaris

Biologic	Indikation	Dosierung	Zu beachten
Efalizumab (Raptiva®) (humanisierter monoklonaler AK gegen CD11a)	Psoriasis vulgaris (mittelschwer bis schwer) vom Plaquetyp	Initiale ED 0,7 mg/kg KG s.c. gefolgt von einer wöchentlichen Erhaltungsdosis von 1 mg/kg KG s.c.	Wirkungseintritt nach 4–8 Wo. NW: Oft grippeartige Beschwerden, Leukozytose, selten transiente neutrophile Dermatose Absetzen der Therapie, wenn PASI nach 12 Wo. < 50% gebessert
Etanercept (Enbrel®) (TNF-α-Antagonist)	Psoriasis vulgaris (mittelschwer bis schwer) vom Plaquetyp, Arthritis psoriatica	25–50 mg 2 ×/Wo. als Fertigspritze s.c. bis max. 24 Wo.	Wirkungseintritt nach 4–8 Wo. NW: Infektionen (obere Atemwege, Bronchitis, Haut), Pruritus, Urticaria, **vor** Ther. Tbc-Ausschluss, z.B. durch QuantiFERON-Gold® (Bluttest) Bei Psoriasisarthritis Kombination mit MTX
Infliximab (Remicade®) (monoklonaler AK gegen TNF-α)	Psoriasis vulgaris (mittelschwer bis schwer) vom Plaquetyp, Arthritis psoriatica	5 mg/kg KG als i.v. Infusion über 2 h, Wo. 0, 2, 6 danach alle 8 Wo.	Wirkungseintritt nach 1–2 Wo. NW: Infektionen, auch schwer oder opportunistisch, Pruritus, BB-Veränderungen, **vor** Ther. Tbc-Ausschluss

Anmerkung:
Neben der Ind. Psoriasisarthritis für Adalimumab (Humira®) wird die Zulassung für die Psoriasis vulgaris vom Plaquetyp angestrebt.

15.6.2 Psoriasis pustulosa generalisata

Steckbrief
Schwere gerneralisierte Psoriasis mit konfluierenden, sterilen Pusteln auf erythematösem Grund.

Therapieprinzip
Allgemeine Maßnahmen: Stat. Aufnahme, Volumenzufuhr und Bilanzierung, Wärmezufuhr, hochkalorische Kost, Spezialmatratze zur Dekubitusprophylaxe.
Kombinierte interne und externe Ther. in der Akutphase, dann bei Besserung allmähliche Dosireduktion der internen Medikation und Übergang zu Therapieformen wie bei Psoriasis vulgaris (s. o.).

Therapie

Interne Medikation:
- Methotrexat (z.B. Lantarel®), Beginn mit 25 mg/Wo. i.v., bei Besserung Reduktion auf 2,5–7,5 mg/Wo. p.o.
- Alternativ: Acitretin (Neotigason®): zunächst 1 mg/kg KG/d, bis Pustulation abnimmt, dann 0,1–0,5 mg/kg KG über mehrere Mon.
- Bei schweren, therapierefraktären Verläufen: Einsatz des TNF-α-Antagonisten Infliximab (Remicade®) im Off-label use.

Externe Therapie:
- Externe Steroide (z.B. Ecural®Fettcreme), Intertrigines mit Hydrocortison 1,0% in Pasta zinci mollis oder Elidel® Creme (Off-label use), Kopfhaut mit Betamethasonvalerat-Emulsion NRF 11.47. Erosive Herde mit Sulfadiazin-Silber-Creme (z.B. Flammazine®) eincremen und mit Tüll-Gaze-Verband bedecken.

- Augenhygiene mit desinfizierenden Augentropfen (z. B. Solan®-M); Mundhygiene mit antiseptischen Mundspülungen (z. B. Hexoral®-Lsg.).

15.6.3 Psoriasis palmaris et plantaris, pustulöser Typ

Steckbrief

Pustulierende Psoriasis der Hände und/oder Füße. Meist stark beeinträchtigend und relativ therapieresistent.

Therapieprinzip

Konsequente kombinierte interne, externe und UV-Ther. erforderlich.

Interne Therapie:

- Acitretin (Neotigason®) 0,5 mg/kg KG über mehrere Mon., dann Erhaltungsdosis je nach Ansprechen zwischen 0,1–0,3 mg/kg KG/d als Langzeitther.
- Bei Therapieresistenz: Methotrexat (z. B. Lantarel®) 2,5–5,0 mg/Wo. p.o. oder s.c.

Externe Therapie/UV-Therapie:

- Lokale Steroide der Wirkstoffklasse 4, z. B. Clobetasol (Dermoxin®-Salbe) unter 2–4-stündiger Folienokklusion pro d. Nach Besserung Übergang auf Steroide der Wirkstoffklasse 2–3 (z. B. Ecural®-Fettcreme) in Kombination mit pflegender Lokalther. (z. B. Physiogel® A.I. Creme/Lotion, Creaderm® Creme).
- PUVA-Creme-Handbestrahlungen, v. a. in Komb. mit Acitretin als RePUVA.

15.6.4 Psoriasis palmaris et plantaris, hyperkeratotischer Typ

Steckbrief

Wenig entzündliche Form der Psoriasis palmaris et plantaris, bei der Hyperkeratosen im Vordergrund stehen.

Therpieprinzip

Externe Ther. ist ausreichend. Ablösen der Hyperkeratosen mit salizylsäurehaltigen Externa (z.B. Acid. sal. 10–20% NRF 11.43) über 2–4 h unter Folienokklusion (Plastikhandschuhe, darüber Baumwollhandschuhe ziehen). Anschließend Hyperkeratosen vorsichtig abkürettieren. Danach fette steroidhaltige Externa (z.B. Dermatop®-Fettsalbe). Ther. fortsetzen, bis die Keratosen entfernt sind und nur noch ein flächiges Erythem vorhanden ist. Dann ggf. PUVA-Creme-Ther. beginnen.

> ! Nach Ablösen der Hyperkeratosen reagiert die Haut auf PUVA-Ther. äußerst empfindlich. Sehr vorsichtige Dosissteigerung.

Rhagaden: mit fettem steroidalen Externum (z.B. Dermatop®-Fettsalbe) eincremen und mit Hydrokolloidverband (z.B. Varihesive® Extradünn) versehen.

15.6.5 Arthritis psoriatica

Steckbrief

Entzündliche Gelenkbeteiligung (in ca. 20%) bei Psoriasis mit variablem Hautbefall (Psoriasis vulgaris, Psoriasis pustulosa), die zu Gelenkdestruktionen führen kann.
Syn: Psoriasis arthropathica.

Therapieprinzip

Therapieform richtet sich nach Schwere der Gelenkbeteiligung. Basis jeder Ther. sind Bewegungsübungen.

Tab. 15.7 Therapie der Arthritis psoriatica

Schwere der Gelenkbeteiligung	Therapie
Leichte Gelenkveränderungen	Bewegungsther. (Kneten der Hände in warmer Hirse, warme Bewegungsbäder), intervallartiger Einsatz NSAID (z.B. Voltaren® Dispers 2 × 50 mg/d)
Mittelschwere Gelenkveränderungen	Zusätzlich Basistherapeutika: Leflunomid (Arava®): initial 100 mg/d über 3 d, ab 4. d 10–20 mg/d als Erhaltungsdosis über 3 Mon. Sulfasalazin (z.B. Azulfidine® Tbl.), Beginn mit 500 mg/d, wöchentliche Steigerung auf max. 2–3 × 1000 mg/d
Schwere Gelenkveränderungen	Bewegungsther. (s.o.), zusätzlich Methotrexat (Lantarel®) 10–20 mg/Wo. i.m. oder p.o., ggf. zusätzlich Adalimumab (Humira®) 40 mg s.c. alle 2 Wo.

15.7 Akropustulosen

Tab. 15.8 Therapie der Akropustulosen

Erkrankung	Klinik / Verlauf	Therapie
Akrodermatitis continua suppurativa	Schwere, von periungual ausgehende Pustulation an Händen und Füßen, Onychodystrophie und ggf. mutilierende Gelenkveränderungen, chron. Verlauf, der ggf. zur Gelenkzerstörung führt	Extern: alleine meist nicht ausreichend Starke Lokalsteroide (z. B. Dermoxin® Salbe) und feuchte Schwarzteeumschläge, PUVA-Bad / Creme-Fotother. Intern: meist zusätzlich indiziert, da Lokalther. keine ausreichende Wirkung erzielt Acitretin (Neotigason®) 0,5 mg / kg KG, bei Besserung 0,1–0,3 mg / kg KG, ggf. Re PUVA **oder** Fumarate (Fumaderm®) einschleichende Ther. bis max. 6 Tbl. / d **oder** MTX (z. B. Lantarel®), Beginn mit 25 mg / Wo. i.v., Erhaltungsdosis 2,5–5 mg / Wo. p.o. oder s.c.
Pustulosis palmaris et plantaris, Syn.: Andrews Bakterid	Kleine Pusteln an Palmae und Plantae, die unter Hinterlassung einer Schuppenkruste heilen; Interdigitalräume ausgespart, ggf. Mono- oder Oligoarthritiden; meist infektallergisch nach fokaler Inf., schließlich Heilung; ♀>>♂	Fokussanierung! Ther. wie Psoriasis palmaris et plantaris, pustulöser Typ. Rauchen einstellen! Bei Ther.-resistenz Blut auf AK gegen Gliadin und Gewebeglutaminase testen, wenn pos. → gliadinfreie Diät zusätzlich

15.8 Morbus Reiter

Steckbrief

Genetische (in 90% HLA B27-assoziierte), infektallergische Erkr. nach Urethritis oder Enteritis, v.a. ♂. Klassische Symptomentrias: Urethritis, Arthritis, Konjunktivitis; in 10% auch psoriasiforme HV, schuppende und pustulierende Hand- und Fußveränderungen (Keratoderma blennorrhagicum), Balanitis und Schleimhautveränderungen.

Therapieprinzip

Bei AZ ↓↓ und pustulösen HV immunsuppressive interne Ther. Ansonsten Ther. der im Vordergrund stehenden Symptomenkonstellation (Urethritis, Balanitis etc.).

Therapie

Interne Therapie: Prednisolon (z.B. Solu-Decortin® H), Beginn mit 100 mg; bei Besserung schrittweise Dosisreduktion und möglichst niedrige Erhaltungsdosis (über **mehrere** Wo. fortführen); bei unzureichendem Ansprechen oder langfristigem Verlauf Kombination mit Azathioprin (Imurek®) 50–150 mg/d oder Acitretin (Neotigason®) 30–50 mg/d.

- **Infektbedingte Urethritis:** 2 × 100 mg Doxycyclin (Tabs Sandoz®) über 7 d.
- **Arthritis:** NSAID, z.B. Indometacin (Sandoz®) 150 mg/d.
- **Schwerer Gelenkbefall:** MTX (z.B. Lantarel®) 7,5–15 mg/Wo. oder Ciclosporin (z.B. Immunosporin®) 2,5–5 mg/kg KG/d.

Externe Therapie:

- **Balanitis circinata:** Austrocknende Lokalther. (Lotio alba aquosa) und externe Steroide (z.B. Ecural®-Salbe) im Wechsel über mehrere Wo.
- **Keratoderma blennorrhagicum:** Wie Psoriasis palmaris et plantaris ☞ 15.5.
- **Psoriasiforme Dermatitis:** Topische Steroide (z.B. Ecural® Fettcreme), Ölbäder (z. B. Balmandol) und ggf. UVB-Bestrahlungen.

- **Schleimhautläsionen:** Bepanthol® Lutschtabletten, Kamillosan®-Spülungen.

15.9 Morbus Behçet

Steckbrief

Chron.-entzündliche Systemerkr. mit variablem Organbefall im Rahmen eines vaskulitischen Prozesses. Klassische Symptomentrias: Orale Aphthen, genitale Ulzera und Hypopyoniritis. Daneben Befall von Haut, Augen, ZNS, Gelenken, Gefäßsystem, GI-Trakt und Urogenitalsystem möglich. Meistens auch Allgemeinsymptome.

Therapieprinzip

Immunsuppressive Systemther. bei ZNS- und Augenbefall obligat. Ansonsten Ther. der vorherrschenden Symptome.

Therapie

Interne Therapie:

- **Syst. Kortikosteroide:** Beginn mit 100 mg Prednisolon; bei Besserung schrittweise Dosisreduktion und möglichst niedrige Erhaltungsdosis (über **mehrere** Wo. fortführen); bei unzureichendem Ansprechen oder langfristigem Verlauf Kombination mit Azathioprin (Imurek®) 100–150 mg/d.
- **Alternativ:** Colchicin (z. B. Colchicum-Dispert® Drgs.) 1–2 mg/d für 2–3 d, dann 0,5–1 mg/d alle 1–2 d für bis zu 2 J.
- **Alternativ:** Ciclosporin A (z. B. Sandimmun Optoral®) 3–5 mg/kg KG/d bei sehr schwerem Befall und ggf. Augenbeteiligung.

Bei GI-Beteiligung Sulfasalazin (z. B. Azulfidine®) 0,5 g/d, Erhöhung um 0,5 g/Wo. bis auf 2–3 g/d. Bei Gelenkmanifestationen Indometacin (z. B. Amuno®) 100 mg/d über mehrere Wo.

- Weitere Therapiemöglichkeit: Plasmapherese.

Externe Therapie:

Orale Aphthen: ☞ 20.3.4.

Genitale Ulzera: Kombinationstherapeutikum aus Antiseptikum und Steroid (z. B. DuoGalen® Creme).

15.10 Generalisierte Pustulosen (☞ Tab. 15.9)

Tab. 15.9 Klinik und Therapie generalisierter Pustulosen

Erkrankung	Klinik	Therapie	Beachten
Pustulosis subcornealis Sneddon-Wilkinson	Fragile kleine Pusteln an Rumpf und großen Körperfalten	**Lokal:** Steroide in Lotiogrundlage steroidfrei mit Curatoderm® Emulsion. **Systemisch:** Zusätzlich DADPS 50–100 mg/d (z. B. Dapson-Fatol), zusätzlich evtl. PUVA-Bad-Ther., RePUVA, bei Therapieresistenz MTX 5–15 mg/Wo.	Mögliche Assoziation mit Myelom, Pyoderma gangraenosum, Colitis ulcerosa, rheumatoide Arthritis
Pustulosis acuta generalisata	Gruppierte Pusteln an Stamm, Kapillitium und distalen Extremitäten (Hände und Füße aber frei)	**Lokal:** Lotio alba aquosa **Systemisch:** Prednisolon (z. B. Solu-Decortin® H), Beginn mit 100 mg; bei Besserung rasch ausschleichen; bei unzureichendem Ansprechen oder langfristigem Verlauf Kombination mit Acitretin (Neotigason®) 0,5 mg/kg KG/d oder MTX (Lantarel®)	Infektallergisch getriggert; immer Suche nach entzündlichem Focus; nach Sanierung des Focus auch Heilung der Pusteln binnen 2–4 Wo.

Tab. 15.9 Klinik und Therapie generalisierter Pustulosen (Forts.)

Erkrankung	Klinik	Therapie	Beachten
Eosinophile Pustulose (Syn.: Ofuji-Sy.)	Einzelne urtikarielle Papeln, aus denen sterile Pusteln entstehen meist im Gesicht, kein Bauchfaltenbefall	**Lokal:** Lotio alba aquosa oder steroidale Lotiones (z.B. Topisolon® Lotio) **Systemisch:** DADPS (z.B. Dapson-Fatol) 100–150 mg/d. Ggf. PUVA-Bad-Fotother. **Alternativ:** Versuch mit Indometacin (Sandoz®) 75–100 mg/d, Fotother. mit UVB	Chron. rezidivierender Verlauf, Assoziation mit HIV, parasitären Inf. z.B. Scabies, Larva migrans

15.11 Erkrankungen mit Eosinophilie

Steckbrief

Erkrankungen mit Eosinophilie (> 700 Zellen/µl Blut). Auslöser können sein: Allergien und Hypersensitivitätsreaktionen, parasitäre Erkr., Kollagenosen, Neoplasien und Immundefekt-Sy., die immer abgeklärt werden müssen.

Therapie (☞ Tab. 15.10)

Tab. 15.10 Erkrankungen mit Eosinophilie

Erkrankung	Klinik	Therapie	Beachten
Hyper-eosinophilie-Syndrom (> 1500 Zellen/µl Blut, länger als 6 Mon.)	Urtikarielle HV, quälender Pruritus, Beteiligung diverser innerer Organe möglich	**Extern:** Steroide (z.B. Ecural® Fettcreme), bei Besserung Polidocanol 5% in Basiscreme DAC (NRF 11.118) **Intern:** Beginn mit 100 mg Prednisolon (z.B. Solu-Decortin® H), symptomorientierter Dosisabbau und möglichst niedrige Erhaltungsdosis. Bei Erscheinungsfreiheit Auslassversuch **Alternative:** DADPS (z.B. Dapson-Fatol) 100–150 mg/d; Imatinib (Glivec®) 100–400 mg/d. Ggf. PUVA-Bad-Fotother.	Kontrolle von Herz (Löffler-Endokarditis), Lunge, Milz, Leber
Eosinophile Zellulitis (Syn.: Wells-Syndrom)	Ausgedehnte urtikarielle Erytheme	**Extern:** Lotio zinci und/oder Steroide (z.B. Ecural® Fettcreme) **Intern:** Beginn mit Prednisolon (z.B. Solu-Decortin® H) 40–60 mg/d, gleichzeitig DADPS (z.B. Dapson-Fatol) 100 mg/d Steroid nach einigen d auf 10–15 mg/d reduzieren und Ther. über einige Wo. belassen; dann Steroid auf 5–7,5 mg/d und DADPS auf 50–75 mg/d reduzieren, nach einigen Wo. Auslassversuch, weitere Möglichkeit Minocyclin (z.B. Skid®) 100 mg/d	Mögliche Auslöser: Medikamente, hämatologische Erkr., Insektenstiche

16 Nichtinfektiöse granulomatöse Erkrankungen

16.1 Sarkoidose

Steckbrief

Granulomatöse Systemerkr. unklarer Genese. Prinzipiell kann jedes Organ betroffen sein → Intensive, interdisziplinäre Untersuchung des Pat. wichtig.

- **Akute Sarkoidose:** Löfgren-Sy. (Arthritis, Erythema nodosum ☞ 15.1, bihiläre LK-Schwellung).
- **Chron. Sarkoidose:** Oft asymptomatisch und zufällig (z.B. durch Thorax-Rö) erkannt.
- **Hautsarkoidose:** Primärmanifestation oft an den Akren. Sehr variable Klinik (kleinknotig, großknotig, subkutanknotig, Narbensarkoidose), bei **Dunkelhäutigen** häufiger als bei Europäern, v.a. als kleine normo- oder hyperchrome Papeln im Gesicht oder Nacken.

> ! Sarkoidose der Haut kann psoriasiform, ichthyosiform, lichenoid oder erythrodermisch verlaufen und wird dann leicht verkannt.

Therapieprinzip

- **Akute Sarkoidose:** Heilt meist nach nur kurzzeitiger Ther.
- **Chron. Sarkoidose:** Kann lokal therapiert werden, solange nur die Haut betroffen ist. Bei großknotiger Form und extrakutaner Manifestation Systemther. nötig.

Therapie (☞ Tab. 16.1)

Tab. 16.1 Therapie der Sarkoidose

Sarkoidoseform	Externe Therapie	Interne Therapie	Beachten
Akute Sarkoidose (Löfgren-Sy.)	Steroid unter Folienokklusion über Nacht auf Knotenherde auftragen (z. B. Ecural® Fettcreme)	NSAID (z. B. Voltaren® 50) 2 × 1 Drg./d, bei Nichtansprechen nach 2 d wie extrakutane Sarkoidose	Bettruhe! Bei Iridozyklitis Überweisung in Augenklinik
Kutane Sarkoidose/ Narbensarkoidose	Externe Steroide (z. B. Ecural® Fettcreme) 2 ×/d; knotige Herde ggf. mit Triamcinolonacetonid (z. B. Volon® A 10 in Scandicain® 1% 1 : 1, 1 ×/ Wo. streng intrafokal injizieren)	Allopurinol (Sandoz®) 300 mg/d über Mon.	Narbensarkoidose: Herd kann bei fehlendem Ansprechen auf Ther. auch exzidiert werden
Großknotige (Lupus pernio) und subkutane Sarkoidose	–	Chloroquin (Resochin®) 2 × 250 mg/d über 14 d, dann 250 mg/d über mehrere Mon. **Bei Therapieresistenz**: MTX (Lantarel®) 15–25 mg/Wo. über 2–6 Mon.; Dosisreduktion über mehrere Wo., dann Erhaltungsdosis 10–15 mg/Wo.	Chloroquin: Augenärztliche Voruntersuchung und monatliche Kontrolle MTX: Kontrollen der Transaminasen (Reaktivierung einer Hepatitis beachten!), Kreatininclearance > 60 ml/ Min., Lebersono.

Tab. 16.1 Therapie der Sarkoidose (Forts.)

Sarkoidoseform	Externe Therapie	Interne Therapie	Beachten
Extrakutane und kutane Sarkoidose	Ther. einzelner Herde wie kutane Sarkoidose (s. o.)	Prednisolon (z. B. Decortin® H) 1 mg/kg KG/d über 4–6 Wo., dann Dosisreduktion über 4–6 Mon. bis Erhaltungsdosis 5–10 mg/d. **Bei fehlendem Ansprechen:** Kombination mit Azathioprin (Imurek®) 50–100 mg/d über > 6 Mon. **Bei Therapieresistenz:** MTX (Lantarel®) 15–25 mg/Wo. über 2–6 Mon.; Dosisreduktion über mehrere Wo., dann Erhaltungsdosis 10–15 mg/Wo.	Enge interdisziplinäre Zusammenarbeit! Alternativmedikamente: Cyclophosphamid (z. B. Endoxan®) und Ciclosporin A (z. B. Sandimmun® Optoral)

16.2 Granuloma anulare

Steckbrief

Auf die Haut begrenzte granulomatöse Erkr., v. a. im Kindesalter. Rötliche Herde mit randbetontem, polypapulösem Aufbau.

Therapie

Bei lokalisiertem Befund zunächst Heftpflaster aufkleben und abwarten (Spontanheilungstendenz), bei fehlender Rückbildung externe Steroide (z. B. Dermatop® Creme, Advantan® Creme) unter Folienokklusion über Nacht oder Unterspritzung mit Triamcinolonacetonid (z. B. Volon® A 10 in Scandicain® 1% 1 : 3) 1 ×/Wo. über 4–6 Wo. (nicht bei Kindern!).

Des Weiteren: Kryochirurgie im offenen Sprühverfahren, Sticheln mit Pricklanzette.
Disseminierte Formen: PUVA-Bad- oder UVA_1-Fotother. → Kap. 3.3.2., Dapson-Fatol 100 mg/d über 6–12 Wo.

16.3 Lichen nitidus

Steckbrief

Kleinpapulöse Erkr. unklarer Genese mit stecknadelkopfgroßen Papeln; oft Penis, Unterarme, Handgelenke.

Therapie

Zunächst einige Wo. abwarten (hohe Spontanheilungsrate); bei Therapiewunsch schwache externe Steroide (z. B. Hydrocortisonacetat 0,5% in Ungt. emuls. aquos). Bei disseminiertem Befall: PUVA-Bad-Fotother. ☞ 3.3.2.

16.4 Granuloma eosinophilicum faciei

Steckbrief

Seltene, gutartige Erkr. des Gesichtes mit braunroten weichen Plaques, die eine orangenartige Oberfläche aufweisen.

Therapieprinzip

Die Herde sind sehr therapieresistent und bilden sich auch unter konsequenter Behandlung nur unvollständig zurück. Therapieind.: Wunsch des Pat. (Ther. ist kein Muss).

Therapie (☞ Tab. 16.2)

Tab. 16.2 Therapieoptionen

Therapie	Vorteil	Nachteil
Exzision in toto	Herd kann vollständig beseitigt werden	Narbenbildung im Gesicht; bei größeren Herden oft nicht tolerabel, Rezidivgefahr!

Tab. 16.2 Therapieoptionen (Forts.)

Therapie	Vorteil	Nachteil
Laser-Ablation (z. B. CO_2- oder Erbium:YAG-Laser), Kryochirurgie (geschlossenes Kontaktverfahren)	Schonende Ther.	Narbenbildung, ggf. Rezidiv
Steroidinjektionen mit Volon® A 10 in Scandicain® 1% 1 : 3, 1 ×/Wo. über 4–6 Wo.	Auch ausgedehnte Herde können behandelt werden	Fettgewebsatrophie
Systemther. mit Chloroquin (Resochin®) 2 × 250 mg/d über 14 d, dann Reduktion auf 1 × 250 mg/d über mehrere Mon.	Auch disseminierte Herde können behandelt werden	

16.5 Necrobiosis lipoidica

Steckbrief

Granulomatöse Hauterkr. unklarer Genese, mögliche Assoziation mit Diab. mell., M. Crohn oder Colitis ulcerosa.
Meist am Unterschenkel lokalisierte bräunliche, sklerotische Herde, ggf. mit zentraler Ulzeration; selten Spontanheilung.

Therapieprinzip

Sehr therapierefraktäre Krankheit. Häufig müssen mehrere Konzepte versucht werden, bis eine Befundverbesserung eintritt. Ther. einer ggf. vorhandenen Grunderkr., Verbesserung der lokalen Zirkulation (z. B. Pütter®-Verbände).

Therapie

- **Kleine Herde:** Können exzidiert werden, wenn spannungsfreier Wundverschluss möglich.
- **Nicht ulzerierte größere Herde:** Topische Steroide (z. B. Ecural® Fettcreme) über Nacht unter Folienokklusion oder Unterspritzung mit Triamcinolonacetonid (z. B. Volon® A 10 in Scandicain® 1% 1 : 1) 1 ×/ Wo. für 4–6 Wo. oder Protopic® 0,1% 2 ×/d für 8 Wo.

- **Ulzerierte größere Herde:** Behandlung mit Feuchtverbänden (z. B. Hydrosorb®).
- **Bei Therapieresistenz:**
  - Versuch mit Trental® 400 ret. 2–3 × 400 mg/d.
  - Versuch mit syst. Kortikoiden (z. B. Decortin®), Beginn mit 1 mg/kg KG/d über mehrere Wo. unter BZ-Kontrolle, dann langsam ausschleichen.
  - PDT mit Metvix®: Herd 3 h unter Folienokklusion, danach Bestrahlung für 8 Min. mit einer inkohärenten Rotlichtquelle, Wiederholung 1 ×/Wo. für 5 Wo.

16.6 Melkersson-Rosenthal-Syndrom

Steckbrief

Granulomatöse Erkr. mit klassischer Symptomentrias: Cheilitis granulomatosa, periphere Fazialisparese, Lingua plicata (bereits bei Geburt vorhanden).Vollbild nur selten ausgeprägt!

Therapie

Äußerst therapierefraktäre Erkr. Therapieversuche mit:

- Unterspritzung der Lippenschwellung mit Triamcinolonacetonid (z. B. Volon® A 10 in Scandicain® 1% 1 : 1) 1 ×/Wo. für 3–6 Wo.
- Syst. Kortikoiden (z. B. Decortin®, Beginn mit 1 mg/kg KG/d) über mehrere Wo., dann langsam Dosisreduktion; Erhaltungsdosis 5–10 mg/d.
- **Bei Therapieresistenz:** Versuch mit Clofazimin (Lampren® über internat. Apotheke zu beziehen) 100 mg/d für 10 d, Erhaltungsdosis 2–4 ×/Wo. 100 mg bis zur Heilung, mind. 9 Mon.
- **Ultima Ratio:** Operative Verkleinerung der Lippe im schubfreien Intervall.

16.7 Noduli rheumatosi

Steckbrief

Bei Rheumatismus nodosus im Gelenkbereich vorkommende Knötchen.

Therapie

- **Große isolierte Knoten in „günstiger" Lage:** Exzision.
- **Disseminierte Knötchen:** Injektion von Triamcinolonacetonid in die Knötchen (z. B. Volon® A 10 in Scandicain® 1% 1 : 3) 1 ×/Wo. für 4–6 Wo.
- **Bei Perforation:** Abkleben des Ulkus mit Hydrokolloidverband (z. B. Varihesive® Extradünn).

16.8 Fremdkörpergranulom

Steckbrief

Durch Ablagerung körpereigener Substanzen (z. B. Gichttophi, lipophage Granulome) oder durch von außen eingebrachtes Material entstandenes resorptives Granulom. Flächige Granulome (z. B. nach Silikoninjektionen) sind äußerst therapieresistent!

Therapie

- Behandlung einer ggf. vorhandenen Grundkrankheit (z. B. Gicht).
- **Umschriebene Granulome:** Exzision oder Herausstanzen (z. B. mit Biopsy Punch Stiefel®).
- **Flächige Granulome:** Unterspritzung mit Triamcinolonacetonid (z. B. Volon® A 10 in Scandicain® 1% 1 : 3) 1 ×/Wo. für 3–6 Wo.

17 Papulöse Erkrankungen, Prurigoerkrankungen

17.1 Lichen ruber

Steckbrief

Entzündliche Hautkrankheit unbekannter Ätiologie mit subakutem bis chron. Verlauf. Stark juckende Papeln, Schleimhautbefall (25–70%), Nagelveränderungen (10%) und selten Haarausfall prägen das klinische Bild. Stoffwechselerkr. (z.B. Diab. mell.), Lebererkr. (z.B. chron.-aktive Hepatitis, primär biliäre Zirrhose), Autoimmunkrankheiten (z.B. Colitis ulcerosa, M. Crohn) und Lymphome können assoziiert sein. Psychische Faktoren möglicherweise als Kofaktor beteiligt. Verschiedene Medikamente können auslösend sein. Bei **Dunkelhäutigen** fehlt die typische Wickham-Streifung.
Erkr. wird örtlich durch irritative Mechanismen (Kratzen, enge Kleidung, Verletzungen, Zahnprothesen etc.) getriggert (Köbner-Phänomen).
Syn.: Knötchenflechte.

Therapieprinzip

- Suche nach entzündlichen Foci, assoziierten Erkr. (s.o.) und Abklärung auslösender Medikamente.
- Meidung irritativer Stimuli und optimierte Hautpflege (Ölbäder, Pflegelotiones, z.B. Physiogel® A.I. Lotion).
- Antihistaminika einsetzen (z.B. Aerius® 1 × 1 Tbl./d), um Kratzen zu unterbinden.
- Standardther. existiert nicht. Ther. richtet sich nach Lokalisation, Ausdehnung, Stärke des Pruritus, Belastung im täglichen Leben, ästhetischer Beeinträchtigung.

Therapie (☞ Tab. 17.1)

Therapie besonderer Lokalisationen/Verlaufsformen:

- **Nagelveränderungen:** Nägel vor Irritationen schützen, Versuch mit Triamcinolon-Injektionen (z.B. Volon® A 10 in Scandicain® 1% 1 : 1) mit Dermojet in Nagelmatrix.

- **Lichen ruber im Genital- oder Analbereich:** Sitzbäder z.B. in Tannosynt®, Betamethasonvalerat 0,1% in Asche Basis Lotio 2 ×/d für 2 Wo., ggf. Weiterbehandlung z.B. mit Elidel® Creme 2 ×/d.
- **Lichen ruber actinicus:** Lichtschutz, Versuch mit Clofazimin (Lampren®) 100–200 mg/d.
- **Lichen ruber mucosae:** Versuch mit lokalen Steroiden (z.B. Volon® A Haftsalbe) oder Tretinoin-Haftpaste 0,05%/0,1% NRF 7.9.
- **Lichen ruber follicularis capillitii:** Versuch mit lokalen Steroiden (z.B. Ecural®-Lsg. oder Deflatop® 0,1% Schaum), als Ultima Ratio bei therapierefraktärem Verlauf Versuch mit 2 × 50 mg Thalidomid/d.

Tab. 17.1 Therapie des Lichen ruber

Befundausdehnung	Externe Therapie	UV-Therapie	Interne Therapie
Geringer Lokalbefund	Steroidcremes (z.B. Ecural® Fettcreme) unter Folienokklusion → oft über Mon. erforderlich **Verruköse Herde:** Unterspritzung mit Volon® A 10 in Scandicain® 1% 1 : 3 1 ×/Wo. über max. 10 Wo.	–	Antihistaminika (z.B. Telfast® 180 mg 1 × 1 Tbl./d)

Tab. 17.1 Therapie des Lichen ruber (Forts.)

Befundausdehnung	Externe Therapie	UV-Therapie	Interne Therapie
Ausgedehnter Lokalbefund	Wie bei geringem Lokalbefund (s.o.)	PUVA-Bad-Ther. ☞ 3.3 2 oder UVB-Ther. ☞ 3.2	Antihistaminika (z.B. Telfast® 180 mg 1 × 1 Tbl./d)
Exanthematischer Lichen ruber			Antihistaminika (z.B. Telfast® 180 mg 1×1 Tbl./d) Orale Kortikosteroide (z.B. Decortin® H): Beginn mit 0,5 mg/kg KG/d, dann allmähliche Dosisreduktion auf 5–7,5 mg/d Zusätzlich oder alternativ, wenn Steroide nicht ansprechen: Acitretin (Neotigason®): initial 0,5–0,7 mg/kg KG/d, Erhaltungsdosis 0,3–0,5 mg/kg KG/d Alternativ: Chloroquin (Resochin®) 3–4 mg/kg KG/d) über 4–6 Wo.
Schwerste Verläufe, Schleimhautulzera		PUVA-Bad-Ther. ☞ 3.3 oder UVB-Ther. ☞ 3.2 (Nicht mit Ciclosporin kombinieren!)	Azathioprin (Imurek®) 50–100 mg/d in Kombination mit Prednisolon (z.B. Solu-Decortin® H): Beginn mit 100 mg/d, ausschleichen oder Ciclosporin A (Sandimmun®-Optoral) 5 mg/kg KG/d. DADPS (z.B. Dapson-Fatol) 100–150 mg/d, sonntags Therapiepause

17.2 Prurigoerkrankungen

Steckbrief

Prurigo simplex subacuta: Durch stark juckende, verruköse Papeln gekennzeichnete Erkr., v.a. bei ♀ mittleren Alters. Idiopathisch oder bei Grunderkr.: Atopisches Ekzem, Fokalinf., Hormon-, Stoffwechselstörungen (Diab. mell., Hyperurikämie, Lebererkr.), Nierenerkr., Bluterkr. (Polycythaemia vera), maligne Erkr. (Lymphome, Leukämie, M. Hodgkin, selten viszerales Ca.).
Prurigo nodularis Hyde: Wahrscheinlich Sonderform mit quälend juckenden Hyperkeratosen an den Unterschenkeln.

Therapieprinzip

- Suche nach auslösenden Foci und ggf. ursächlichen Erkr.
- Meidung irritativer Stimuli und optimierte Hautpflege (Ölbäder, Pflegelotiones, z.B. Physiogel® A.I. Lotion), UVB-Fotother.
- Antihistaminika einsetzen (z.B. Aerius® 1 × 1 Tbl./d), um Kratzen zu unterbinden, ggf. auch sedierende Antihistaminika über Nacht einsetzen (z.B. Atarax® 25–50 mg/d), evtl. Zinkleimverband. Versuch mit einem Protonenpumpenhemmer z.B. Omeprazol (z.B. Omen-Puren®) 2 × 20 mg/d.
- Stufenartiger Therapieaufbau: Lokalther., UV-Ther., Systemther.

Therapie

Externe Therapie:

- Hochpotente Steroidcremes (z.B. Dermoxin® Creme) unter Folienokklusion über Nacht über 1–2 Wo., danach weiter z.B. mit Ecural® Fettcreme oder Psorcutan® Creme 2 ×/d. Zusätzlich Unterspritzung mit Triamcinolon (z.B. Volon® A 10 in Scandicain® 1% 1 : 1) 2 ×/Wo.
- Zusätzlich möglich: PUVA-Creme-Ther. ☞ 3.3.3.

Interne Therapie:

- **Ind.:** Nur bei Therapieresistenz und ausgedehntem Bef./hohem Leidensdruck.

- Kurzzeitige Steroidgabe, Beginn mit 100 mg Prednisolon (z.B. Solu-Decortin® H), binnen 1–2 Wo. ausschleichen.
- Nur als Ultima Ratio bei Prurigo nodularis Hyde: Versuch mit Thalidomid 100–200 mg/d, Erhaltungsdosis 25–100 mg/d.

Laser-Therapie: Ausgedehnte verruköse Läsionen, v.a. bei Prurigo nodularis Hyde mit Erbium:YAG- oder CO_2-Laser abtragen.

18 Erbliche Hauterkrankungen (Auswahl)

18.1 Neurofibromatosis generalisata

Steckbrief

AD vererbte Systemerkr., bis 50% Folge einer Spontanmutation. Einteilung in 8 klinisch differenzierbare Formen. An der Haut Neurofibrome, Café-au-lait-Flecken, Freckling (sommersprossenartige Überpigmentierungen der Axillen). Bei bestimmten Formen Akustikusneurinome, ZNS-Tu., Meningeome, Gliome, Skelettveränderungen, Gelenkstörungen. Erhöhtes Risiko für das Auftreten von MM.
Syn.: M. v. Recklinghausen.

Therapie

Kausalther. existiert nicht. Pränatale Diagnostik für Typen I und II durch Amniozentese in 12. SSW möglich.

- Exzision störender, ggf. entzündlicher Neurofibrome und ästhetisch störender Wammen.
- Bei Pruritus: Ketotifen (z. B. Ketof® Kps.) 2 × 1 / d.
- Entfernung ggf. vorhandener zentralnervöser und nervaler Neurofibrome durch Neurochirurgen; ggf. Mitbetreuung durch Orthopäden, Ophthalmologen.

18.2 Naevi flammei und kombinierte Störungen (☞ Tab. 18.1)

Tab. 18.1 Mit Naevi flammei einhergehende Syndrome

Syndrom	Beteiligte Organe	Klinik
Sturge-Weber-Sy.	ZNS	Einseitiger N. flammeus im Gesicht, Glaukom, ggf. epileptische Anfälle
v. Hippel-Lindau-Sy.	Kleinhirn	N. flammeus lateralis (Kopf), Hirndruckzeichen, Kleinhirnsymptome

Tab. 18.1 Mit Naevi flammei einhergehende Syndrome (Forts.)

Syndrom	Beteiligte Organe	Klinik
Klippel-Trenaunay-Sy.	Weichteile und Knochen, a.v.-Anastomosen	N. flammeus lateralis einer Extremität, Riesenwuchs und kompensatorische Venektasien, Lymphstau

Steckbrief

Naevus flammeus: Scharfbegrenzte naeviforme oberfl. Gefäßfehlbildung („Gefäßfleck").

Therapie des Naevus flammeus

- Gepulster Farbstofflaser, bei tuberonodöser Umwandlung ggf. Mikroembolisation durch spezialisierten Radiologen.
- Camouflage (z.B. Dermacolor®) zur Abdeckung verbliebener Anteile.
- Mitbetreuung durch Neurologen und Orthopäden.
- **Klippel-Trenaunay-Sy.:** Ggf. Unterbindung von a.v.-Anastomosen durch Gefäßchirurgen, ggf. Sklerosierung und Kompressionsther. der Venektasien, vorher Kontrolle des tiefen Venensystems.

18.3 Xeroderma pigmentosum

Steckbrief

AR vererbte Krankheit. Häufigkeit 1 : 40 000 (bis 100 000). Störung der DNA-Reparatur. Dadurch Neigung zu Haut-Tu. (BCC, Plattenepithel-Ca., MM) sowie neurologische Symptomatik. Auslösung von HV auch durch schwaches UV-Licht (Erytheme, Blasenbildung), später Fehlpigmentierungen, aktinische Keratosen und kutane Malignome.

Therapie

Kausalther. existiert nicht. Pränataldiagnostik möglich.

- Hoher Lichtschutz erforderlich (textiler Lichtschutz z.B. mit hyphen Kleidung, konsequenter Lichtschutz, z.B. mit Daylong® 50 extreme).

- Umkehr des Tag-Nachtrhythmus.
- Behandlung von Malignomen operativ, mit PDT oder Aldara®.
- Lebenslange Kontrolle der Haut alle 3 Mon.
- Rauchverbot (sonst frühes Auftreten eines Bronchial-Ca.).

18.4 Hereditäre Bindegewebserkrankungen (☞ Tab. 18.2)

Tab. 18.2 Klinik und Therapie hereditärer Bindegewebserkrankungen

Syndrom	Definition, Klinik	Therapie
Ehlers-Danlos-Sy.	Erbliche Bindegewebsstörung Typische Überstreckbarkeit der Gelenke („Schlangenmensch“)	Keine Ther. bekannt; symptomatische orthopädische und ophthalmologische Maßnahmen
Marfan-Sy.	AD vererbte Störung des Bindegewebes. Sehr variable Klinik (z. B. Kyphoskoliose, Linsenluxation, Myopie, Aortenaneurysma, Hernien, Emphysem)	Keine Ther. bekannt; symptomatisch (z. B. Operation eines Aortenaneurysmas)

18.5 Keratosen

Steckbrief

Verhornungsstörungen der Haut durch vermehrte Hornabschilferung (Proliferationshyperkeratose) oder gestörte Hornabschilferung (Retentionshyperkeratose).

18.5.1 Ichthyosen

Steckbrief (☞ Tab. 18.3)

Tab. 18.3 Klinik der Ichthyosen

Erkrankung	Definition, Klinik
Ichthyosis vulgaris (AD)	Häufigste erbliche Hautkrankheit (1:250), starke Assoziation zur Neurodermitis (25–50%). Trockene Schuppung des Rumpfes und der Extremitätenstreckseiten (Beugen sind frei!), Hyperlinearität der Handlinien (Ichthyosishand)
Ichthyosis vulgaris (XR)	Häufigkeit 1 : 6000, ähnlich der AD vererbten Variante, jedoch andere klinische Verteilung (Beugenbefall, keine Ichthyosishand), oft mit Hornhauttrübung und Kryptorchismus assoziiert
Ichthyosis congenita	Vorwiegend AD vererbte Gruppe schwerster Erkr., einzelne Varianten mit hoher Mortalität in den ersten Lebenswo

Therapie

Allgemeine Maßnahmen:

- Wärmestaus (leichte Kleidung, keine Überanstrengung, leichte Arbeit) meiden.
- Hautreizungen (irritative Kleidung) meiden.
- Regelmäßig Vollbäder (mit 3- bis 4-Handvoll $NaHCO_3$) für 30 Min., danach Rubbeln der Haut mit Mikrofaserhaushaltstuch (Seifen und Syndets meiden, Reinigungsöle verwenden).

- Intensive rückfettende Pflege der Haut, z. B. mit lipophiler Harnstoff-NaCl-Salbe NRF 11.75.
- Urlaub in günstigem Klima (z. B. Mittelmeerraum), an Vit.-D-Mangel denken, v. a. bei **Dunkelhäutigen**!

Lokaltherapie:
- Hautreinigung z. B. mit Eucerin® Duschöl, Haarwäsche z. B. mit Eucerin® 5% Urea Shampoo, Bäder z. B. mit Balmandol Ölbad, rückfettende Ther. (z. B. Creaderm® Creme, Excipial® U Lipolotio, Zarzenda® Creme).
- **Schwere Formen:** Kombination von Vit.-A-Säurederivaten mit Harnstoff (z. B. Carbamid + VAS Creme Widmer, an stark verhornenden Arealen unter Folienokklusion über Nacht anwenden).
- **Bei Blasenbildung:** Eröffnung der Blasen und antiseptische Lokalther. (z. B. Flammazine® Creme).

Systemtherapie:
Ind.: Schwere Formen der XR vererbten Ichthyosis vulgaris und Ichthyosis congenita.
- **Ichthyosis vulgaris:** Acitretin (Neotigason®) 35 mg/d über mehrere Mon. Rezidiv einige Wo. nach Absetzen.
- **Ichthyosis congenita:** Ther. in spezialisiertem Zentrum (z. B. Acitretin in Kombination mit syst. Glukokortikosteroiden).

18.5.2 Palmoplantarkeratosen

Steckbrief
Mit Ausnahme der Keratosis palmoplantaris diffusa (Unna-Thost) sehr seltene Verhornungsstörungen der Leistenhaut.
Keratosis palmoplantaris diffusa (Unna-Thost): AD vererbte Erkr. mit seitlich scharf begrenzten plattenartigen Hornhautverdickungen an Händen und Füßen, z. T. Rhagadenbildung.

Therapie
Ablösung der Hornplatten durch Anwendung salizylsäurehaltiger Externa unter Folienokklusion über Nacht (z. B. Acid.

sal. 10% in Kerasal® Basissalbe), tagsüber z.B. hydrophile Harnstoff-Emulsion 5%/10% NRF 11.72. Acitretin ist nicht indiziert, da es zu einer pergamentartigen Verdünnung der Haut an Händen und Füßen kommt.
Bei Rhagaden: Abkleben mit Varihesive® Extradünn.

18.5.3 Follikuläre Keratosen

Steckbrief

Verhornungsstörungen im Bereich des Haarfollikels.
Keratosis follicularis: Harmlose Verhornungsanomalie an den Oberarmstreckseiten, Oberschenkeln und im Gesicht mit kleinen, punktartigen Hornkegeln. Sehr häufig.
Ulerythema ophryogenes: Harmlose, AD vererbte Verhornungsstörung im Bereich der Augenbrauen und der seitlichen Wangen mit allmählichem Haarverlust.

Therapie

Keratosis follicularis: Nur wenn kosmetisch sehr störend, Versuch mit konsequenter Peelingbehandlung (z.B. mit Peelingschwamm) und Anwendung ammoniumlaktathaltiger Externa (z.B. Kérapil Creme).
Ulerythema ophryogenes: Keine Kausalther. verfügbar. Symptomatisch mit Vit.-A-Säure-haltigen Externa (z.B. Cordes VAS® Creme), bei stärkerer Entzündung kurzzeitiger Einsatz steroidaler Externa (z.B. Ecural® Fettcreme über mehrere d).

18.5.4 Dyskeratosis follicularis

Steckbrief

Nichtfollikuläre Keratose. AD vererbte Verhornungsstörung mit Ausbildung schmutzig-wirkender Papeln und Keratosen in den seborrhoischen Zonen (Gesicht und Brust), fötider Geruch bei Superinfektion. Provokation durch UV-Licht und Stress.
Syn.: M. Darier-White.

Therapie

Antiseptische Lokalther. (z.B. Kaliumpermanganatbäder), harnstoffhaltige Externa (z.B. Excipial® U Lipolotio).
Bei ausgeprägtem Befund: Retinoide lokal (z.B. Zorac® 0,05% Gel verdünnt mit Gel Cordes auf 0,01%, 1–2 ×/d) oder/und systemisch (z.B. Acitretin, Beginn 10–20 mg/d, nach Besserung Erhaltungsdosis je nach klinischem Befund). Auf jeden Fall textiler und chemischer (z.B. Daylong® 50 extreme) Lichtschutz.

18.5.5 Porokeratosen

Steckbrief

Gruppe seltener Verhornungsstörungen mit ähnlicher Klinik.
Porokeratosis Mibelli: AD vererbte Form mit Etablierung in der frühen Kindheit. Zirzinäre Herde mit randständiger Hornzone, v.a. an den Extremitätenstreckseiten. Gefahr der Entstehung eines Plattenepithel-Ca.
Porokeratosis superficialis disseminata actinica: AD vererbte Verhornungsstörung, durch UV-Licht provoziert; Etablierung v.a. ab 30. LJ.; Manifestation an belichteten Arealen.

Therapie

Porokeratosis Mibelli: Keine Kausalther. verfügbar. Versuch mit externen Retinoiden (z.B. Cordes VAS® Creme) oder internen Retinoiden (z.B. Neotigason® 0,5 mg/kg KG/d.).
Porokeratosis superficialis disseminata actinica: Lichtschutz (z.B. Daylong® 50 extreme, textiler Lichtschutz). Symptomatische Ther. wie Porokeratosis Mibelli (s.o.). Laserablation mit Erbium: YAG-Laser z.B. 1×/J.

19 Erkrankungen der Hautanhangsgebilde

19.1 Akne

Steckbrief

Häufige Erkr. der Adoleszenz mit Komedonen (Acne comedonica), Papeln und Pusteln (Acne papulopustulosa), seltener auch Zysten und Knoten (Acne conglobata). Bei **Dunkelhäutigen** in 25% mit starkem Pruritus verbunden.
Prädilektionsstellen: Gesicht, Brust, Rücken.
Entstehung durch Zusammenspiel von Verhornungsstörung im Haarfollikel, vermehrter Talgproduktion und bakt. Besiedelung des Haarbalgs mit nachfolgender Entzündung.
Auslösung der Akne auch durch Berufsstoffe (z.B. Teere, Öle), Medikamente (z.B. Steroide, Antiepileptika), Vitamine (z.B. Vit. B_1, B_6, B_{12}) oder UVA (Mallorca-Akne).

Therapieprinzip

Ther. richtet sich danach, ob Verhornungsstörung (schälende Behandlung, Keratinolyse), vermehrte Talgproduktion (sebosuppressive Ther.) oder bakt. Besiedelung (antibiotische Ther.) im Vordergrund steht.

- Einschleichende Behandlung bei Einsatz schälender Präp. (z.B. Benzoylperoxid oder Isotretinoin).
- Bei leichten bis mittelschweren Formen erst Lokalther.
- Bei fehlendem Ansprechen auf Lokalther. oder schweren Akneformen Systemther.
- Sind auslösende Stoffe bekannt (z.B. Teere, Öle, Medikamente), diese, wenn möglich, meiden.

Therapie

Externe Therapie:

- **Acne comedonica:** Isotrex® Creme 0,05% 1 × abends. Wenn sich die Haut an das Präp. gewöhnt hat und keine Irritationen auftreten, Übergang auf Isotrex® Creme 0,1% 1–2 ×/d. Von Beginn an mit Differin® Creme 1 × abends. Bei **Dunkelhäutigen** Isotrex® Creme 0,05% jeden 2.

Abend bzw. Differin® Creme. BPO 3% als weitere Therapieoption 1 ×/d. Hautirritationen sind zu meiden.

- Alternativ: Benzoylperoxid 3–5% (z.B. Aknefug® oxid mild), erst 1 ×/d, bis keine Irritation mehr auftritt, später 2 ×/d (einschleichende Ther.).
- Bei empfindlicher/atopischer Haut: Azelainsäure (Skinoren®Creme) 2 ×/d.
- **Acne papulopustulosa:** Gesicht Kombinationstherapie mit BPO und Antibiotikum (z.B. Duac® Akne Gel 1 × abends), Brust und Rücken BPO bis 10% (z.B. Sanoxit® Gel 10%), erst 1 ×/d, bis keine Irritation mehr auftritt, später 2 ×/d (einschleichende Ther.).
- Bei mangelnder Wirksamkeit interne Ther.
- Bei **Dunkelhäutigen** keine Änderung der Lokalther., sondern direkt interne Ther.

> Benzoylperoxid und Retinoide (z.B. Differin®, Isotrex®) nicht in Schwangerschaft und Stillzeit. Mögliche Ther. in Schwangerschaft und Stillzeit: Azelainsäure (Skinoren® Creme).

Interne Therapie:

Ind.: Mangelnde Besserung einer Acne papulopustulosa nach 4–6 Wo. Lokalther.; schwere Entzündung und Vernarbung

- Minocyclin-Tbl. (z.B. Skid®) 2 × 50 mg/d für 3 Mon., danach 1 × 50 mg/d für 3 Mon., alternativ: Doxycyclin (z.B. Tabs Sandoz®) 2 × 100 mg/d für 3 Mon., danach 1 × 100 mg für 3 Mon. Im Off-label use niedrig dosiertes Isotretinoin (-ISIS®) als Pulsther.: 1 Wo. 0,5 mg/kg KG/d, dann 3 Wo. Pause. Wiederholung des Zyklus über 6 Mon. Bei **Dunkelhäutigen** kein Minocyclin, sondern nur Doxycyclinmonohydrat (z.B. Tabs Sandoz®) 1 × 100 mg/d für 3 Mon.
- Weitere Therapiemöglichkeit bei ♀: Versuch mit antiandrogen wirksamen Kontrazeptiva (z.B. Clevia®)

> Tetracyclin und Doxycyclin: Reduzierte Wirksamkeit von Kontrazeptiva nie nachgewiesen; fotosensibilisierend.

Andere Therapien:

- Kosmetische Behandlung (Entfernung offener, schwarzer Komedonen und nicht-entzündlicher Komedonen nach Anritzen mit Komedonenextraktor).
- Abdeckende Aknecremes.
- Chemical Peeling.
- Operativ: Eröffnung von Abszessen, Herausstanzen von tiefen Aknenarben, Erb:Yag-Laserablation von flachen Aknenarben (nur wenn keine Entzündung mehr vorliegt).

! TIPPS für Patienten

- Reinigung der Haut mit milden Syndets 2–3 ×/d (z. B. Dove® Seife, Sebamed® Waschfluid) oder antibakt. Reinigungsgels (z. B. Effaclar® K La Roche-Posay).
- Kein „Herumquetschen" an Akneeffloreszenzen.
- Keine „Überther." → v. a. fette Cremes meiden.
- Rauchen, Alkohol und bestimmte Nahrungsmittel (z. B. Süßigkeiten, Chips) im Einzelfall ungünstig.

Häufige Behandlungsfehler:

- Auslösende Noxen übersehen?
- Zu fette Lokalther. (häufig durch Pat. durch Anwendung von Tagescremes).
- Zu viel Kosmetik und Abdeckcremes oder Öle.
- Zu zögerlicher Einsatz einer Systemther.
- Zu starke Reinigung (sog. Detergensakne).

19.2 Akne-Sonderformen

19.2.1 Acne conglobata

Steckbrief

Stark entzündliche Akneform mit Knoten, Abszessen und Fisteln. Narbenbildung.

Therapie

Immer Systemther. erforderlich:

- ♂: Isotretinoin (Aknenormin®); Beginn mit 0,5 mg/kg KG/d, bei Besserung Reduktion bis 0,1 mg/kg KG/d; Gesamtdosis 120 (–150) mg/kg KG.
- ♀: Erst Kombinationsther. aus Antibiotikum (z. B. Skid® 2 × 50 mg/d) und antiandrogenem Kontrazeptivum (z. B. Clevia®). Bei ausbleibender Wirkung nach 3–4 Mon. Isotretinoin (Aknenormin®), Dosierung wie bei ♂. Bei **Dunkelhäutigen** beiderlei Geschlechts Isotretinoin auf Grund der schlechten Verträglichkeit Beginn mit 0,2 mg/kg KG/d.

Bei Isotretinoin-Ther. beachten: Sichere Kontrazeption bei Frauen (fruchtschädigende Wirkung), keine Kombination mit Tetracyclinen (Hirndrucksteigerung). Vor Ther. Schwangerschaftstest, der alle 4 Wo. wiederholt werden muss, und schriftliche Aufklärung. Medikamentenbedarf für 1 Mon. darf verschrieben werden. Unter Ther. und innerhalb von 6 Mon. nach Ther. keine lasergestützte operative Visuskorrektur (LASIK), da beides zu einem trockenen Auge führen kann.

- Zusätzliche externe Ther. wie bei Acne papulopustulosa.
- Abszesse: Anwendung ichthyolhaltiger Zugsalben (Ichthyol® 50%), bei Fluktuation Inzision.
- Abszedierende Fistelgänge inzidieren, antiseptische Tamponade (z. B. Fucidine® Creme).

19.2.2 Acne inversa

Steckbrief

Abszedierende und fistelbildende Akneform, die v. a. perianal, perineal und inguinal lokalisiert ist. Hohe Chronizität und nur mäßige Wirksamkeit gängiger Therapiekonzepte, gehäuft bei Nikotinabusus.

Therapie

- Allgemeine Maßnahmen: Okkludierende Kleidung und Rauchen meiden.
- Präoperativ 3–4 Mon. wie Acne conglobata behandeln.

- Abszesse: Anwendung ichthyolhaltiger Zugsalben (Ichtholan® 50%), bei Fluktuation Inzision; abszedierende Fistelgänge inzidieren, antiseptische Tamponade (z. B. Fucidine® Creme).
- Op. Entfernung der fistelbildenden Hautpartien und Deckung mit freien Transplantaten.

19.2.3 Acne aestivalis (Mallorca-Akne) ☞ 9.1.6

Steckbrief

Akneiforme Variante der polymorphen Lichtdermatose.

Therapie

- Lichtschutz unter Vermeidung öliger und fettiger Lichtschutzpräp. (geeignet sind z. B. Ilrido® Gel, textiler Lichtschutz z. B. hyphen®).
- Differin® Gel 1 ×/d, bei Pustulation Minocyclin (z. B. Skid®, 2 × 50 mg/d über 4 Wo.).

19.2.4 Gramnegative Follikulitis

Steckbrief

Durch antibiotische Vorbehandlung einer Akne Änderung der Besiedelung des Haarbalges mit gramneg. Erregern. Oft in perioraler Lokalisation.

Therapie

- Systemther. mit Isotretinoin (Aknenormin®) 0,5 mg/kg KG/d über mehrere Wo.
- Zusätzliche Lokalther. mit Benzoylperoxid (z. B. Sanoxit® Gel 5%).
- Antibiotische Ther. nicht indiziert!

19.3 Periorale Dermatitis

Steckbrief

Perioral oder zentrofazial lokalisierte Erkr. mit Papeln und Pusteln; ♀ : ♂ = 9 : 1. Oft bei bestehender atopischer Disposition. Auslösung durch Barrierestörung infolge häufigen Kos-

metikagebrauchs (Tages- und Nachtcremes) oder Steroide im Gesicht.
Syn.: Stewardessenkrankheit.

Therapieprinzip

- Absetzen aller kosmetischen Produkte, ggf. verwendeter Steroidcremes (wirken stark verschlimmernd!).
- Austrocknende Behandlung des befallenen Areals, bei Spannungsgefühl Aufschläge mit kühlem Schwarztee für einige Min.

Therapie

Externe Therapie:

- **Ind.:** Periorale Dermatitis ohne starke Entzündung und Pustulation.
- Lokalther. mit metronidazolhaltigen Präp. z.B. Rosiced® Creme, Metrolotio® 2 ×/d.
  - Lokalther. mit ichthyolhaltiger Mischpaste.
    Rp.
    Ammoniumbituminosulfonat 2%
    Ungt. moll.
    Past. zinci mollis aa ad 30,0
    S. 2 × tgl. dünn auf betroffene Hautpartien auftragen.
- Alternativ: Einsatz abdeckender und austrocknender Fertigpräp., z.B. Aknichthol® soft N.

Interne Therapie:

- **Ind.:** Ausgeprägte Pustulation. Syst. antibiotische Ther., z.B. mit Tetracyclinen (Tefilin® 2 × 1 Tbl./d) oder Minocyclin (z.B. Skid® 2 × 1 Tbl./d).
- Schwerste, anderweitig therapierefraktäre Fälle: Isotretinoin 0,5 mg/kg KG/d (Aknenormin®) zu Beginn der Ther., bei beginnender Besserung allmähliche Reduktion um 0,1 mg/kg KG/Mon.

! TIPPS für den Patienten

- Ther. auch bei anfänglicher Verschlechterung durchhalten.
- Keine Kosmetika oder Steroidcremes anwenden, auch wenn nach Absetzen zunächst Verschlechterung eintritt.
- UV-Licht (Sonne, Solarien) meiden, da UV zu einer Verschlechterung führt.
- Scharfgewürzte Speisen sowie Alkohol meiden.

Häufige Behandlungsfehler:

- Wunsch des Pat. nach Kosmetik wird nachgegeben.
- Steroidcremes werden nicht abgesetzt.
- Mangelhafte Aufklärung des Pat. führt zu häufigem Arztwechsel.
- Einsatz gängiger Aknetherapeutika (z.B. BPO, Antibiotika-Gele) führt zu starken Irritationen.

19.4 Rosacea

Steckbrief

Häufige, zentrofazial lokalisierte Erkr. mit Erythemen, Teleangiektasien, Papeln, Pusteln und teigiger Schwellung. Meist im 4.–5. Lebensjahrzehnt. In 30–60% Augenbeteiligung (Erblindungsgefahr!).

Syn.: Kupferfinne.

Therapie

Kombination austrocknender Lokalther. und antibiotischer Systemther. Absetzen fettender Präp. (v.a. Kosmetika) und ggf. steroidaler Lokaltherapeutika.

Externe Therapie:

Bei Rosacea erythematosa ichthyolhaltige Mischpaste:

Rp.

Ammoniumbituminosulfonat 2%

Ungt. moll.

Past. zinci mollis aa ad 30,0

S. 2 × tgl. dünn auf betroffene Hautpartien auftragen.

Bei Rosacea papulopustulosa metronidazolhaltige Externa, z.B. Metrosa® (parabenfrei!), Rosiced® Creme, oder Azelainsäure (Skinoren®-Gel), ggf. Laserbehandlung von Teleangiektasien z.B. mit KTP-Laser (UV-Schutz nach Therapie beachten).

Interne Therapie:
- **Ind.:** Ausgeprägte Pustulation.
- Syst. antibiotische Ther., z.B. mit Tetracyclinen (Tefilin® 2 × 1 Tbl./d) oder Doxycyclin (z.B. Doxyderma® 2 × 50 mg/d) über ca. 2 Mon.
- Bei schwerster, anderweitig therapierefraktärer Rosacea: Isotretinoin (-ISIS®) 0,2 mg/kg KG/d zu Beginn der Ther., nach klinischer Besserung individuelle Erhaltungsdosis.

! TIPPS für den Patienten
- Alkohol und scharf gewürzte Speisen meiden.
- UV-Strahlung meiden (UV-Schutz, z.B. mit Anthélios® XL 50+).
- Gesicht mit lauwarmem Wasser oder mit seifenfreier saurer Waschlotion (z.B. Sebamed® Waschlotion) reinigen. Keine stark fettenden und duftstoffhaltigen Cremes im Gesicht anwenden, stattdessen z.B. Rosaliac XL La Roche-Posay oder Diroseal Avène.

Häufige Behandlungsfehler:
- Fehlende Konsequenz der Behandlung.
- Mangelhafte Aufklärung der Patienten.

19.5 Rhinophym

Steckbrief
Sonderform der Rosacea. Durch fibrosierende Entzündung Bildung einer „Knollennase".

Therapie
Bei fortschreitender Entstellung der Nase Abtragung der Fibrosierungen (nach altem Foto als Vorlage fragen) mit Skalpell, Rasierklinge, Kauterschlinge oder Laser (CO_2- oder Er-

bium:YAG-Laser) nach ambulanter Retinoidvorbehandlung z.B. mit Aknenormin® 0,2 mg/kg KG/d in einer Klinik durch einen erfahrenen Dermatochirurgen. Nachbehandlung mit gleicher Retinoiddosis.

19.6 Erkrankungen der Haare

19.6.1 Androgenetische Alopezie

Steckbrief

Erblich bedingte Form der Haarlichtung unter dem Einfluss männlicher Sexualhormone. Häufigste Form des Haarausfalls (ca. 90%). Bei ♂ v.a. Bildung von „Geheimratsecken" und Lichtung im Tonsurbereich, bei ♀ Haarlichtung entweder wie beim ♂ oder diffuse Haarlichtung im Scheitelbereich.
Bei frühem Beginn des Haarausfalls oder bei ♀ oft starke psychische Belastung.

Therapie

Therapie bei Frauen:

- Östrogenhaltige Haartinkturen (z.B. Ell-Cranell® alpha) 1 ×/d, bei Besserung jeden 2. d auf die Kopfhaut auftragen oder Minoxidil-2%-Lsg. (Regaine® Frauen) 2 ×/d 1 ml auftragen.
- Bei fehlender Besserung in der Prämenopause: Versuch mit antiandrogen wirkenden Kontrazeptiva (z.B. Clevia®), ggf. zusätzlich Antiandrogen einsetzen (z.B. Androcur® 10).
- Bei fehlender Besserung nach der Menopause: Androcur® ½–2 Tbl./d unter Mitbetreuung eines Gynäkologen.

> KI der antiandrogenen Ther. (z.B. Gravidität, Leber-Tu, thromboembolische Diathese) berücksichtigen. An Rebound nach Absetzen der Ther. denken!

Im Falle stigmatisierender Alopezie darf eine Perücke verordnet werden, deren Kosten von den Krankenkassen zum Teil erstattet werden.

Therapie bei Männern: nur auf Wunsch des Pat., z.B. bei psychischer Belastung.

- **Syst. Ther.:** Finasterid 1 mg (Propecia®) 1 Tbl./d (nachgewiesene Wirksamkeit bei frühzeitigem Einsatz, stoppt v.a. den Haarausfall im Tonsurbereich; Medikament wird weder von gesetzlichen noch privaten Krankenkassen erstattet). Dauerther. erforderlich. Bei Therapiestopp setzt Haarausfall wieder ein.

> ! Propecia® ist nicht für ♀ und Kdr. zugelassen; kann zu Fehlbildung der äußeren Geschlechtsorgane des Fetus führen.

- **Externe Ther.:** Minoxidil 5%-Lsg. (Regaine® Männer) 2 ×/d 1 ml auftragen. Medikament wird weder von gesetzlichen noch privaten Krankenkassen erstattet. Verlangsamung des Haarverlustes nur im Tonsurbereich bei dunkelhaarigen ♂ nachgewiesen. Führt ggf. zu Irritationen (5–15%) der Kopfhaut, selten NW auf Herz-Kreislauf-System. Weitere Möglichkeit: Haartransplantation in Mikro- und Minigraft-Technik auf Wunsch, keine Kassenleistung.

> ! Regaine® ist für Jugendliche nicht zugelassen.

19.6.2 Alopecia areata

Steckbrief

Autoimmunerkr. mit plaqueartigem, meist kreisrundem Haarverlust an einer oder mehreren Stellen. Kopfhaut und/ oder andere behaarte Areale (Barthaare, Augenbrauen) betroffen. Diffuser Haarausfall auch möglich. Selten kompletter Haarverlust des Haupthaares (Alopecia areata totalis) oder aller Haare (Alopecia areata universalis). Mögliche Assoziation mit Autoimmunerkr. (z.B. Thyroiditiden, Vitiligo). Haarverlust ist potenziell reversibel.

Syn.: Kreisrunder Haarausfall.

Therapie

Standardther. existiert nicht. Oft ist der Haarverlust nicht zu beeinflussen.

Versuch der lokalen Ther. mit Glukokortikosteroiden (z. B. Ecural® Lsg.) 1 ×/d oder durch intraläsionale, intrakutane Injektion von kristallinen Steroiden (z. B. Triam® Injekt 10 mg, verdünnt mit Scandicain® 1% 1 : 3–5) alle 3 Wo. Am Kopf an Kristallembolie in die A. retinalis (Endgefäß!) denken.

Weitere Therapieoptionen:

- PUVA-Creme-Ther. ☞ 3.3.3.
- Cignolin-Minutenther. (z. B. Psoralon® MT 0,5 / 1 / 2 / 3% Salbe 1 ×/d in langsam ansteigender Konz., so dass eine leichte Kontaktdermatitis erzeugt und unterhalten wird).
- Topische Immunther. mit Diphencyclopropenon (DPCP); kein zugelassenes Medikament, Ther. in spezialisierten Zentren. Zu allen genannten Ther. kann Zinkaspartat (z. B. Unizink® 50) 2 × 1 Tbl./d für 2 Mon. gegeben werden.

19.6.3 Erworbene vernarbende Alopezien

Steckbrief

Durch verschiedene Ursachen (Verletzung, Kollagenosen, Tumoren) hervorgerufene Vernarbung der Kopfhaut und dadurch bedingtem irreversiblem Untergang der Haarfollikel.

Pseudopélade Brocq: Progressive vernarbende Alopezie unklarer Genese, selten.

Folliculitis decalvans: Unklare, zu irreversiblem Haarverlust führende Follikulitis der behaarten Kopfhaut.

Therapie

Pseudopélade Brocq:

- Oft ist Erkr. nicht zu beeinflussen:
- Versuch der lokalen Ther. mit Glukokortikosteroiden (z. B. Ecural® Lsg.) 1 ×/d oder durch intraläsionale, intrakutane Injektion von kristallinen Steroiden (z. B. Triam®

Injekt 10 mg, verdünnt mit Scandicain® 1% 1 : 2–5) alle 3 Wo.

Folliculitis decalvans: Meist ist Erkr. nicht zu beeinflussen. Versucht werden können:

- Glukokortikosteroide (z.B. Ecural® Lsg. oder Deflatop®) 1 ×/d.
- Tetracycline (z.B. Tetracyclin Wolff®) 1000 mg/d über 1 Mon.
- Isotretinoin (-ISIS®) 0,5 mg/kg KG/d (nicht in Komb. mit Tetracyclinen, KI beachten!).

19.6.4 Hypertrichose und Hirsutismus

Steckbrief

Hypertrichose: Überbehaarung ohne Beteiligung der Sexualbehaarung. Ethnisch, angeboren, erworben oder bei Grunderkr.

Hirsutismus: Überbehaarung v.a. in androgenabhängigen Arealen (Oberlippe, Kinn, Brust, Oberschenkel). Idiopathisch, genetisch oder endokrin bedingt; am häufigsten (80%) ist das poly„zystische" Ovarialsyndrom (fehlende Ovulation) bei den benignen Formen, assoziiert mit metabolischem Syndrom.

Therapie

- Evtl. psychologische Betreuung! Mögliche (v.a. endokrine) Ursachen beseitigen; hormonbildenden Tu ausschließen.
- Physikalische Entfernung der Haare, z.B. per Laser oder Blitzlampe ☞ 4, Nadelepilation ☞ 5.5 oder Wachsepilation ☞ 5.5.
- Medikamentöse Ther. bei Hirsutismus:
  - Versuch mit antiandrogen wirkenden Kontrazeptiva (z.B. Clevia®), zusätzlich im Gesicht Eflornithin (Vaniqa 11,5% Creme) 2 ×/d über zunächst 2 Mon., wenn kein Effekt, absetzen; mit Laserther. kombinierbar.
  - Bei fehlender Besserung Spironolacton (Sandoz®) 100 mg/d oder ebenfalls im Off-label use Metformin (Sandoz®) 2 × 500 mg/d, wenn KG < 60 kg, oder 2 ×

850 mg/d, wenn KG > 60 kg durch mitbetreuenden Endokrinologen/Gynäkologen.

KI der antiandrogenen Ther. (z.B. Gravidität, Leber-Tu, thromboembolische Diathese) berücksichtigen. An Rebound nach Absetzen der Ther. denken!

19.7 Nagelerkrankungen (Auswahl)

19.7.1 Unguis incarnatus/Ungues incarnati

Steckbrief

Durch Einwachsen der Nagelplatte in das periunguale Bindegewebe Auslösung einer schmerzhaften, eitrigen Entzündung. Meist mediale Seite der Großzehe betroffen. Oft durch „Rundschneiden" der Nägel induziert.
Syn.: Eingewachsener Nagel/eingewachsene Nägel.

Therapie

- **Beginnende Entzündung:** Lauwarme Bäder in Kernseife, anschließend Auftragen von Ichtholan® 50% Salbe. Wenn möglich, kleines Papierkügelchen oder Faden unter aufgeweichte Nagelplatte schieben, damit der Nagel über die Hautkante gelangen kann. Ggf. Nagel mit Nagelspange (z.B. VHO-Spange, Goldspange mit 2 Endschlaufen im unteren Drittel des Nagels einsetzen) langsam über mehrere Wo. aufbiegen.
- **Ausgeprägte Entzündung:** Ruhigstellen und Hochlagern des betroffenen Beines. Maßnahmen wie bei beginnender Entzündung (s.o.). Bei fehlender Besserung binnen 2–3 d Nagelextraktion in Oberst-Leitungsanästhesie.
- **Bei stark eitriger Entzündung oder Immunsuppression oder Diab. mell.:** Zusätzlich antibiotische Ther. z.B. mit Ciproflox Puren® 2 × 500 mg/d.
- **Rezidivierendes Einwachsen des Nagels:** Operative Sanierung durch Emmert-Plastik im erscheinungsfreien Intervall.

19.7.2 Akutes subunguales Hämatom

Steckbrief

Durch Quetschung entstandenes, äußerst schmerzhaftes Hämatom unter der Nagelplatte.

Therapie

Sofortige Entlastung des Hämatoms durch Perforieren der Nagelplatte (Nagelplatte per Kanüle anbohren oder mit glühender Büroklammer kleine Öffnung schaffen). Anschließend antiseptischer Verband (z. B. mit Braunovidon® Salbe).

20 Schleimhauterkrankungen

20.1 Lippenerkrankungen

20.1.1 Lippenekzem

Steckbrief

Ekzematöse Veränderungen der Lippen unterschiedlicher Genese (chron. Irritation, Kontaktekzem, atopisches Ekzem). Trockene, spröde Lippen mit schmerzhafter Rhagadenbildung. Oft löst die Trockenheit der Lippen ein „Belecken" aus, wodurch die ekzematöse Veränderung unterhalten und verstärkt wird.

Therapie

Allgemeine Maßnahmen: Chron. Irritation (Lippenlecken, trockene Umgebung, Kälte, scharfe Speisen, Zitrusfrüchte, Alkohol), Kontaktallergene meiden (z.B. auch bestimmte Lippenstifte), mehrfach täglich rückfettende Ther. (z.B. Ceralip® Lippenbalsam, Eucerin® acute lip balm).
Lokaltherapie: Kurzzeitige steroidale Lokalther. (z.B. Hydrocortisonacetat 0,5% in Vaselinum album) 2–3 ×/d über 5 d, danach ausschleichen, anschließend Pflege mit Vaselinum album.
Nässendes Ekzem: Fett/feuchte Ther.: Lippen mit Hydrocortisonacetat 0,5% in Vaselinum album eincremen, danach Kompresse mit kaltem Schwarztee für einige Min. auflegen, mehrfach täglich wiederholen.

20.1.2 Cheilitis angularis

Steckbrief

Durch chron. Inf. (z.B. Candida albicans, Bakterien) bedingte Entzündung der Mundwinkel. Oft bei Diab. mell. oder schlechter Immunität.
Syn.: Perlèche.

Therapie

Allgemeine Maßnahmen: Ursächliche Faktoren eliminieren (schlecht eingestellter Diab. mell., Eisen-, Riboflavinmangel, schlecht sitzende Prothese, Hypersalivation); Trockenlegung der Mundwinkel (Lecken meiden), Zahnbürstenwechsel.

Spezifische Therapie: Je nach Ursache. Bei Candidose antimykot. Präp. (z.B. Infectosoor Zinksalbe), zusätzlich Mund- und Darmsanierung durchführen (z.B. Infectosoor Mundgel und Ampho-Moronal® Tbl. 4 × 1/d nach dem Essen für 2 Wo.), bei bakt. Inf. mit Fucidine® Creme.

20.1.3 Cheilitis actinica

Steckbrief

Durch akute oder chron. UV-Exposition entstandene Lippenentzündung. Chron. Cheilitis stellt ein präinvasives Plattenepithel-Ca. dar.

Therapie

- **Cheilitis acuta:** Sofortiges Meiden weiterer UV-Exposition, Lippen mit Hydrocortisonacetat 0,5% in Vaselinum album über 1–2 d eincremen, danach Kompresse mit kaltem Schwarztee für einige Min. auflegen, mehrfach täglich wiederholen. Nachbehandlung mit pflegendem Lippenstift (z.B. Ceralip® Lippenbalsam).
- **Cheilitis chronica:** Konsequent weiteres Meiden von UV-Exposition (z.B. Sonnenschutzstift mit LSF 40 Avène). Therapieoptionen: Kryochirurgie, Laserablation (z.B. Erbium:YAG-Laser), Lippenteilexzision oder 2 Zyklen PDT im Abstand von 1–2 Wo. mit anschließender histologischer Kontrolle. Bei sehr ausgedehnten Veränderungen transversale Lippenrotexzision (Vermilionektomie) durch erfahrenen Dermatochirurgen.

20.1.4 Lippenkarzinom

Steckbrief

Plattenepithel-Ca. der Lippen, meist durch chron. UV-Exposition oder Rauchen. Typische brettharte Induration des Tumorareals, ggf. Ulzeration.

Therapie

Exzision mit Sicherheitsabstand durch erfahrenen Chirurgen. Verschiedene plastische Verfahren stehen zur Verfügung. Bei LK-Metastasen En-bloc-Resektion des Tumors mit gleichzeitiger Neck-dissection der betroffenen Halsseite. Defektdeckung mit myokutanem Lappen.
Bei Inoperabilität: Radio-, Chemo- oder multimodale Ther.

20.2 Zungenerkrankungen

20.2.1 Lingua villosa nigra

Steckbrief

Schwärzliche Verfärbung der Zunge durch unterschiedliche Mechanismen (bakt./mykotische Inf., Nikotinabusus, insuffiziente und übertriebene Mundhygiene, Antibiotika, GI-Erkr.).
Syn.: Schwarze Haarzunge.

Therapie

Beseitigung des Auslösers. Vit.-C-Lutschtbl. (z.B. Cebion®), anschließend Bürsten mit einer Zungenbürste.

20.2.2 Exfoliatio areata linguae

Steckbrief

Langsam wachsende, harmlose rötliche, girlandenartige Zeichnung der Zungenoberfläche mit subjektiv gesteigerter Empfindlichkeit; häufig assoziiert mit Lingua plicata.
Syn.: Lingua geographica.

Therapie

Keine spez. Ther. erforderlich. Spontanheilung.

20.2.3 Lingua plicata

Steckbrief

Idiopathisch oder im Rahmen eines Melkersson-Rosenthal- oder Down-Sy. auftretende Furchenbildung der Zunge. Ca. 15% der Menschen betroffen.
Syn.: Faltenzunge.

Therapie

Pat. über Harmlosigkeit aufklären. Bei zugrunde liegendem Melkersson-Rosenthal-Sy. dieses behandeln (☞ 16.6).

20.2.4 Zungenkarzinom

Steckbrief

Plattenepithel-Ca. der Zunge. Meist durch Rauchen, Alkohol und schlechte Mundhygiene. I.d.R. im Bereich des Zungengrundes oder des Zungenrandes. Bretttharte Induration und ggf. Ulzeration.

Therapie

Entfernung in HNO-Klinik. Ggf. Kombination mit Neck-dissection und Radiother.

20.3 Mundschleimhauterkrankungen

20.3.1 Amalgam-Tätowierung

Steckbrief

Durch engen Schleimhautkontakt mit Amalgamfüllungen entstandene, scharf begrenzte, grau-blaue Pigmentierungen.

Therapie

Nur wenn ästhetisch störend oder von Pat. gewünscht, Entfernung durch Exzision oder Laser-Ther. (z.B. mit Ruby-Laser).

20.3.2 Leukoplakie

Steckbrief
Weißliche, nicht abwischbare Schleimhautauflagerung. Die Dignität muss durch histologische Untersuchung geklärt werden.

Therapie
Bei Persistenz Abtragung durch Kürettage, Elektrodissekation oder Erbium:YAG-Laser. Meiden irritativer Noxen (z.B. schlecht sitzende Prothese, Rauchen, Alkohol).

20.3.3 Akute nekrotisierende ulzerierende Gingivitis (ANUG)

Steckbrief
Schlagartig einsetzende schwere bakt. Entzündung der Gingiva, v.a. bei Mangelzuständen, mangelhafter Hygiene, konsumierenden Erkr.

Therapie
Mehrmals täglich Beläge entfernen. Mundspülungen mit Chlorhexidin oder 3% H_2O_2-Pinselungen. Zusätzlich lokale antibiotische Ther. mit Metronidazol (z.B. Elyzol® Dentalgel), ggf. Systemther. mit Clont® 3 × 200–250 mg/d über 3–7 d.

20.3.4 Aphthen

Steckbrief
Schmerzhafte Ulzera im Mund unklarer Genese oder im Rahmen eines M. Behçet ☞ 15.9.

Therapie
Keine Kausalther. verfügbar. Lindernd wirken schmerzstillende Präp. (z.B. Dynexan® Mundgel mehrmals tgl.) oder Haftpasten (z.B. Hypromellose-Haftpaste 40% NRF 7.8 zur Nacht, Solcoseryl® Dental Adhäsivpaste).

20.3.5 Mundhöhlenkarzinom

Steckbrief
Plattenepithel-Ca. oft durch chron. Nikotin- und/oder Alkoholabusus. Bretthart infiltriertes Areal, ggf. mit Ulzeration.

Therapie
Op. in Mund-, Kiefer- und Gesichtschirurgischer Abteilung. Oft kombiniertes Vorgehen (Exzision und plastische Deckung + Neck-dissection + Radiother.) erforderlich.

20.4 Äußeres männliches Genitale

20.4.1 Balanitis/Balanoposthitis acuta

Steckbrief
Entzündung der Glans penis und ggf. des inneren Präputialblattes durch irritative, allergische oder infektiöse Mechanismen. Rötung und Schwellung.
Balanitis plasmacellularis Zoon: Chron. Balanitis mit hartnäckiger Rötung der Glans penis, oft bei älteren ♂.

Therapie
Beseitigung auslösender Faktoren. Austrocknende Ther. (z.B. Tannolact®-Bäder, Einlage von Leinenstreifen in Sulcus coronarius, Auftragen von Pasta zinci mollis DAB 10). Bei bakt. Genese Povidon-Jod-Salbe auftragen (z.B. Braunovidon® Salbe), bei mykotischer Genese Breitspektrumantimykotikum einsetzen (z.B. Batrafen® Creme).
Balanitis plasmacellularis Zoon: Austrocknende Ther. (s.o.), zusätzlich steroidale Lokalther. über wenige d (z.B. Advantan® Creme). Bei Therapieresistenz Zirkumzision erwägen.

20.4.2 Lichen sclerosus et atrophicans

Steckbrief
Weißlich porzellanartige Bindegewebsalteration der Glans penis und/oder des Präputiums.
Syn.: Kraurosis penis.

Therapie

Sorgfältige Pflege (z.B. Abtupfen der Glans penis mit Olivenöl oder Bepanthen® Salbe).
Bei Erwachsenen Versuch mit hochpotentem Steroid z.B. Karison® Creme 2 ×/d über einige Wo. oder Protopic® 0,03% 2 ×/d (Reaktivierung einer HPV-Inf. nach längerer Anwendung möglich!).
Bei Therapieresistenz Zirkumzision erwägen.

20.4.3 Erythroplasie Queyrat

Steckbrief

Ca. in situ der Glans penis meist bei älteren ♂. Samtartige Rötung der Glans.

Therapie

Zirkumzision und Exzision des befallenen Areals durch erfahrenen Chirurgen. Defektdeckung mit Schleimhautlappen. Wenn Pat. keine radikale Lsg. wünscht, Ablation mit CO_2-Laser oder Behandlung mit Imiquimod (Aldara®) 3 ×/Wo. über Nacht (Off-label use) über max. 16 Wo.

20.4.4 Peniskarzinom

Steckbrief

Plattenepithel-Ca. des Penis V.a. an dorsaler Glans exophytisch wachsender Tu. mit brettharter Induration und ggf. Ulzeration.

Therapie

Op. durch Urologen. Penisteilamputation und regionäre Lymphadenektomie. Ggf. Chemother.

20.5 Äußeres weibliches Genitale

20.5.1 Vulvovaginitis

Steckbrief

Unspez. Entzündung des Genitale durch unterschiedliche Mechanismen (infektiös/nicht infektiös). Meist Rötung, Pruritus, Brennen und/oder Fluorbildung.

Therapie

Nicht infektiöse Vulvovaginitis: Zunächst unspez. austrocknende Maßnahmen (z.B. Auftragen von Zinköl NRF 11.20 über wenige d). Austrocknende Bäder (z.B. Tannolact® Bäder). Bei stärkerer Entzündung und/oder Pruritus kurzzeitig steroidale Lokalther. (z.B. Dermatop® Creme).
Ther. der infektiösen Vulvovaginitis (☞ Tab. 20.1).

Tab. 20.1 Klinik und Therapie der infektiösen Vulvovaginitis

Erreger	Klinik	Therapie
Hefepilz	Pruritus, Brennen, Fluor, weiße Beläge	Vaginalcreme/Ovula (z.B. Canifug®), bei intestinaler Candidose z.B. Mykundex® 3 × 2 Drgs./d über 10 d
Trichomonas vaginalis	Brennen, Pruritus, fischartiger Geruch, ggf. Dysurie	Metronidazol (z.B. Arilin®) 1 × 2 g p.o. In der **Schwangerschaft** stattdessen Clotrimazol (z.B. Canesten® GYN Vaginalcreme)
Chlamydia trachomatis	Pruritus/Brennen, Cervicitis, Dysurie, Pollakisurie, ggf. Unterbauchschmerzen und Adnexitis	Doxycyclin 2 × 100 mg/d über 7 d; in der **Schwangerschaft** Erythromycin 4 × 500 mg/d über 14 d

Tab. 20.1 Klinik und Therapie der infektiösen Vulvovaginitis (Forts.)

Erreger	Klinik	Therapie
Bakt. Vaginose (Mischinf.)	Nässegefühl, Ausfluss mit Fischgeruch	Metronidazol (z. B. Arilin®) 2 × 500 mg/d über 7 d. In der **Schwangerschaft** stattdessen Amoxicillin (z. B. Amoxi-Sandoz®) 4 × 500 mg über 7 d

Immer auch Partner mitbehandeln!

20.5.2 Senile Vulvaatrophie

Steckbrief

Atrophie der Vulva in der Postmenopause, oft mit Pruritus und Exsikkation einhergehend.

Therapie

Intensive Pflege und Schutz vor Austrocknung (z. B. Anwendung von Olivenöl nach dem Toilettengang). Anwendung hormonhaltiger Externa (z. B. OeKolp® Creme). Oft jedoch nur mangelhafter Therapieerfolg.

20.5.3 Lichen sclerosus et atrophicans

Steckbrief

Fibrosierende Erkr. der Vulva mit porzellanartiger Umgestaltung des Oberflächenepithels. Quälendes Brennen. Ggf. Blasenbildung und Hämorrhagien. Maligne Transformation in ca. 5%.

Syn.: Kraurosis vulvae.

Therapie

Sorgfältige Pflege (z. B. Abtupfen der befallenen Areale mit Olivenöl oder Bepanthen® Salbe). Ther. mit Karison® Creme 2 ×/d über einige Wo. oder Protopic® 0,03% 2 ×/d. Bei Therapieresistenz Kryother. im geschlossenen Kontaktverfahren oder Abtragung des Areals mit Erbium:YAG-Laser.

Ultima Ratio: Vulvektomie.

20.5.4 Bowenoide Papulose

Steckbrief

Durch HPV 16 und 18 ausgelöstes präinvasives Plattenepithel-Ca. bestehend aus samtartigen Papeln mit verruköser Oberfläche.

Therapie

Abtragung mit Erbium:YAG- oder CO_2-Laser oder Exzision, desweiteren Aldara 3 ×/ Wo. über Nacht für max. 16 Wo.

20.5.5 Vulvakarzinom

Steckbrief

Zu 90% Plattenepithel-Ca. im höheren Erwachsenenalter. Meist bretthartes Infiltration, ggf. mit Ulzeration.

Therapie

Entfernung in gynäkologischer Klinik. Ggf. kombinierte Ther. (Exzision, LK-Dissektion, Radio- und Chemother.) erforderlich.

21 Proktologische Erkrankungen

21.1 Marisken

Steckbrief

Hautfarbene Knoten oder Läppchen am äußeren Analrand ohne spontane Rückbildungstendenz, meist ohne klinische Symptomatik. Selten Ekzematisation oder mykotische Überlagerung, dann Ther. erforderlich.

Therapie

Abtragung in LA z.B. mit elektrischer Schlinge. Offene Wundbehandlung mit Oleo Tüll® Gaze und Braunovidon® Salbe.

21.2 Analvenenthrombose

Steckbrief

Äußerst schmerzhafte Thrombose der Analrandvenen, die dann als bläuliche Knötchen imponieren, solitär oder gekammert vorkommend.

Therapie

Ther. ist abhängig von Größe und Alter der Thrombose:

- **Kleine, bis 0,5 cm Durchmesser große Thrombose:** Lokalther., z.B. mit Posterisan®-Salbe, ggf. Stichinzision.
- **Größere Thrombosen:** Komplette Exzision des thrombosierten Areals in LA, **ohne** Nahtverschluss.

Nachbehandlung: Sitzbäder, z.B. in Braunol® 2000-haltigem Bad, antiphlogistische Ther. (z.B. Voltaren® Tbl. 2 × 50 mg/d). AU für einige d.

21.3 Hämorrhoiden

Steckbrief

Knötchenartige arterielle Gefäßerweiterungen am Anus, v.a. bei 3, 7 und 11 Uhr in Steinschnittlage.

Therapie

Basisther.: Ballaststoffreiche Ernährung mit ausreichender Flüssigkeitszufuhr (2–3 l/d), milde Analhygiene, Stuhlentleerung ohne „Nachpressen“. Die weitere Ther. ist abhängig vom Grad der Hämorrhoidenbildung (☞ Tab. 21.1).

Tab. 21.1 Ther. der Hämorrhoiden

<table>
<tr><th>Grad</th><th>Klinik</th><th>Therapie</th></tr>
<tr><td>I</td><td>Hämorrhoiden nur proktoskopisch erkennbar</td><td>Sklerosierung nach Blond oder Blanchard/Bensaude</td></tr>
<tr><td>II</td><td>Hämorrhoiden prolabieren beim Pressen</td><td>1. Wahl: Gummiringligatur nach Barron
2. Wahl: Sklerosierung</td></tr>
<tr><td>III</td><td>Hämorrhoiden prolabieren, aber manuell reponierbar</td><td rowspan="2">1. Wahl: Hämorrhoidektomie evtl. mit plastischer Rekonstruktion des Analkanals in chirurgischer Klinik
2. Wahl: Gummiringligatur nach Barron (nur palliativ) und Sklerosierung</td></tr>
<tr><td>IV</td><td>Hämorrhoiden prolabieren, aber nicht reponierbar</td></tr>
</table>

Die Sklerosierungsther. und Gummiringligatur sowie die Op.-Verfahren sollten nur durch erfahrene Behandler durchgeführt werden. Ggf. Überweisung an erfahrenen Proktologen.

21.4 Analprolaps

Steckbrief

Schmerzlose Analhautausstülpung, v.a. bei ♀. Behinderte Analreinigung.

Therapie

Plastische Rekonstruktion durch erfahrenen Chirurgen, ggf. Kombination mit Hämorrhoidektomie. Bei sehr alten Pat. nur Ther. der KO.

21.5 Rektumprolaps

Steckbrief

Invagination des Rektums in den Analkanal. Zunächst Stuhldrang und Nässen (latenter Prolaps), bei manifestem Prolaps Inkontinenz, Blutung und Schleimabsonderung.

Therapie

Basistherapie: ☞ 21.3, zusätzlich Biofeedbackther.

Latenter Prolaps: Sklerosierungs- und Ligaturther. der Schleimhaut.

Manifester Prolaps: Verschiedene minimal invasive Verfahren durch erfahrenen Chirurgen.

21.6 Analfissur

Steckbrief

Rissbildung im Analkanal, v.a. bei 6 Uhr in Steinschnittlage, sehr starke Schmerzen bei Defäkation, deshalb oft Laxanzienabusus.

Therapie

- **Akute Fissur:** Entzündungshemmende Bäder (z.B. Kamillosan®) und Verwendung schmerzstillender Analtampons und Analdehner (z.B. DoloPosterine® N Zäpfchen). Ballaststoffreiche Kost, genügend Flüssigkeit.

> **!** Analdehnergebrauch: PSA-Wert deutlich ↑

- **Chronische Fissur:** Versuch mit Diltiazem-Gel NRF 5.6 oder 0,4% Glycerolnitratsalbe (Rectogesic®) 2 ×/d, sonst operative Ther., z.B. Fissurektomie nach Gabriel durch erfahrenen Chirurgen.

Neue Ther.: Injektion von Botulinum-Toxin (z.B. Botox® im Off-label use) in den M. sphincter ani externus.

21.7 Sinus pilonidalis

Steckbrief

Durch eingewachsene Haare ausgelöste akute oder chron. verlaufende Entzündung im subkutanen Fettgewebe der Rima ani, oberhalb davon Fistelöffnung. Oft Assoziation mit Acne inversa. **Keine** Spontanheilung. Maligne Transformation nach J. möglich.
Syn.: Haarnestfistel.

Therapie

Bei akutem Abszess: Spaltung und Drainage.
Im beruhigten Intervall: En-bloc-Resektion und **offene** Wundbehandlung (keine Naht, da Rezidivgefahr!). Antiseptische Bäder (z.B. Braunovidon® Sitzbäder) bis zum Wundverschluss.

21.8 Analekzem

Steckbrief

Ekzematöse HV der Anal- und Perianalregion mit Rötung, Mazeration, Pruritus und im chron. Stadium Lichenifikation. Ursächlich können sein: Atopisches Ekzem, Kontaktekzem, kumulativ-subtoxischer Mechanismus (z.B. bei Hämorrhoiden, Marisken, Inkontinenz, übertriebener Analhygiene). Sekundäre Candida-Überlagerung. Aus psychosomatischer Sicht oft Ausdruck einer Zwangsstörung.

Therapie

Ursächliche Mechanismen (Kontaktstoffe, Hämorrhoiden, Marisken etc.) abklären und ggf. beseitigen. Immer überlagernde Candida-Inf. abklären und ggf. therapieren ☞ 7.5.
Bei stark nässenden HV zunächst Lokalther. mit steroidalen Lotiones (z.B. Hydrocortisonacetat 0,5% in Bepanthen® Lotio) über wenige d, danach Einsatz schwach steroidaler Pasten (z.B. Nystaderm® comp. Paste). Bei Besserung Einsatz von Pasta zinci mollis DAB 10. Leinenstreifen in Analfalte einlegen, um Okklusionseffekt zu vermeiden.
Unterstützend Tannolact® Sitzbäder. Nikotinabusus aufgeben.

> **!** Auf übertriebene Analhygiene, v.a. starkes Reiben und Verwendung feuchter Toilettenpapiere verzichten. Keine fetten Präp. als Grundlage einsetzen, da dadurch eine mazerative Wirkung entfaltet wird.

21.9 Analrandkarzinom

Steckbrief

Seltenes, meist auf vorgeschädigter Haut entstehendes Plattenepithel-Ca. distal der Linea dentata. Bretthart indurierter Tu. mit Ulzeration, ggf. sporadische Blutung, Druckschmerz und Fremdkörpergefühl.

Therapie

Durch erfahrenen Chirurgen per Exzision. Bei regionärem LK-Befall radikale Lymphadenektomie.

21.10 Rektumkarzinom

Steckbrief

Meist aus asymptomatischen Adenomen entstandene Adenokarzinome. Blutung, Schleimaustritt, paradoxe Obstipation, später Gewichtsverlust.

Therapie

Durch erfahrenen Chirurgen als kontinenzerhaltende totale mesorektale Exzision in Kombination mit neoadjuvanter oder adjuvanter Radiochemother., zunehmend auch als laparoskopische Op.

22 Gefäßerkrankungen

22.1 Erkrankungen der Venen

22.1.1 Primäre Varikosis

Steckbrief

Anlagebedingte Erweiterung der oberflächlichen Venen, ggf. ohne Beeinträchtigung des Pat.
Mögliche Klinik: Schweregefühl in den Beinen, Spannungsgefühl, nächtliche Wadenkrämpfe (oft orthopädische Ursache).

Therapie (☞ Tab. 22.1)

Tab. 22.1 Therapie der Varizen

Grad der Insuff. der V. saphena magna nach Hach	Charakteristik	Therapie
I	Crosseninsuff.	Ultraschallkontrollierte Schaumsklerosierungsther. (1), Crossektomie (2) oder endovenöse Katheterablation (3)
II	Reflux bis in das distale Oberschenkeldrittel	Wie I (1 + 2) plus Skerosierungsther. oder Fortsetzung von (3)
III	Reflux bis Handbreit unterhalb des Kniegelenks	
IV	Reflux bis in die Innenknöchelregion	

Stammvarikosis der V. saphena parva:
Bei Reflux Saphenektomie, duplexkontrollierte Schaumsklerosierung oder endovenöse Katheterablation. Letztere ist als

minimal invasiver Eingriff selbst bei multimorbiden und markumarisierten Pat. in LA möglich.

Durchführung der konventionellen Verödungsther. in folgender Reihenfolge unter Beachtung der KI nach vorheriger schriftlicher Aufklärung über mögliche NW:

- **Oberschenkel-/Unterschenkelperforanten:** Aethoxysklerol® 2%/3% 0,5 ml/Injektion mit gelber Kanüle.
- **Varikosis der V. saphena magna und parva:** Aethoxysklerol® 2%/3% 0,5 ml pro Injektion mit gelber Kanüle.
- **Seitenastvarikose:** Aethoxysklerol® 2%/3% 0,5 ml/Injektion mit gelber Kanüle.
- **Retikuläre Varizen:** Aethoxysklerol® 1% 0,2 ml pro Injektion mit 26-G-Kanüle.
- **Besenreiser:** Aethoxysklerol® 0,25%/0,5% (max. 1%) ca. 0,1 ml pro Injektion mit kurzer 26-G-Kanüle.
  - Faustregel für Höchstdosis pro Sitzung: 3 Amp. à 2 ml. Die Injektion erfolgt stets streng intravasal im Liegen mit leichtgängiger Einmalspritze, danach Anlegen von Schaumgummipolstern über die sklerosierten Varizen und Anlegen eines Kompressionsverbandes (auch über Nacht!). Für einige d weder sportliche Aktivitäten, noch heiße Bäder, Sauna sowie Sonnenbank.

Durchführung der duplexkontrollierten Schaumsklerosierung: Diese gehört in die Hände von erfahrenen Sklerotherapeuten. Sie eignet sich v.a. für Varizen mittleren und großen Kalibers sowie Varizenrezidive nach phlebochirurgischen Interventionen. Ein häufig angewandtes Verfahren beruht auf dem Doppel-Spritzen-System (DSS, z.B. EasyFoam®). Eine Gesamtmenge von 10-ml-Schaum pro Sitzung sollte nicht überschritten werden. Nach der Injektion im Liegen sollte der Kompressionsverband mit textilelastischen Kurzzugbinden erst nach 5 Min. angelegt werden. Weitere Informationen unter www.phlebology.de. Max. pro Punktion injizierte Schaummenge:

- **V. saphena magna:** 6 ml (2%/3% Aethoxysklerol® + Luft im Verhältnis 1 : 5).
- **V. saphena parva:** 4 ml (2% Aethoxysklerol® + Luft im Verhältnis 1 : 5).

Erkrankungen

- **Seitenäste:** 6 ml (0,5%/1% Aethoxysklerol® + Luft im Verhältnis 1 : 5).

22.1.2 Chronische venöse Insuffizienz (CVI)

Steckbrief

An den distalen Unterschenkelpartien auftretender Symptomenkomplex (Ödem, subfasziale Stauung und HV wie: Corona phlebectatica paraplantaris, Atrophie blanche, Purpura jaune d'ocre, Dermatolipofasziosklerose, Hypodermitis, Ulcus) als Folge einer chron. venösen Abflussstörung. Die Einteilung der CVI erfolgt heutzutage nach der CEAP-Klassifikation, die klinische Zeichen (C), ätiologische (E), anatomische (A) und pathophysiologische (P) Aspekte berücksichtigt.

Therapie

Tagsüber Tragen von Kompressionsstrümpfen der KL 2 (vorher Ausschluss AVK), rückfettende Externa abends auftragen, da solche Strümpfe die Hautschutzbarriere schädigen. Abklärung einer OP-Indikation abklären.

22.1.3 Thrombophlebitis superficialis

Steckbrief

Schmerzhafte Entzündung oberfl. Venenabschnitte. Verhärtung und Berührungsempfindlichkeit.

Therapie

Kurzstreckige Thrombophlebitis:

- Wenn sehr oberfl. gelegen: Stichinzision und Thrombusexprimierung.
- Antiphlogistische Gele applizieren (z.B. Voltaren® Schmerzgel).
- Pütter®-Verband anlegen.
- ASS 3 × 1 g/d p.o.
- Pat. muss mobil bleiben. **Keine** Bettruhe!

Langstreckige Thrombophlebitis ohne Beteiligung des tiefen Venensystems:

- Kompressionsverband nach Pütter.

- Antikoagulation z. B. mit Liquemin® N 5000 3 ×/d s.c.

Langstreckige Thrombophlebitis mit Beteiligung des tiefen Venensystems:

- Kompressionsverband nach Pütter.
- Antikoagulation mit niedermolekularem Heparin (z.B. Clexane 2 mg/kg KG/d), direkt überlappende Gabe von Marcumar®. Absetzen von Heparin, wenn INR-Wert 2 d im therapeutischen Bereich (angestrebter INR-Bereich 2–3).

22.1.4 Phlebothrombose der unteren Extremität

Steckbrief

Verschluss der tiefen Beinvenen. Meist Ödem, Stauungsschmerz, Verfärbung. Sichere Diagnose durch Duplexsono. oder antegrade Ablauf- und Pressphlebografie.
Syn.: Thrombophlebitis profunda.

Therapie

Isolierte Unterschenkelvenenthrombose:

- Ambulante Ther.
- Kompressionsverband nach Pütter.
- Körpergewichtsadaptierte Gabe eines niedermolekularen Heparins z. B. Clexane (2 mg/kg KG/d) und direkt Marcumar®. Wenn INR-Wert 2 d im therapeutischen Bereich, Absetzen von Heparin. Marcumar® für 3 Mon.

Jedes J. kommt es bei ca. 5% der markumarisierten Pat. zu einer schweren Blutung. Nach Absetzen von Marcumar® tritt nach einem Zeitraum von 5–8 J. in ca. 30% (!) ein Thromboserezidiv auf. Eine Abschätzung dieses Rezidivrisikos erfolgt durch die Bestimmung der Thrombinbildungskapazität (Peak-Thrombin) mittels Immunfluoreszenztest. Liegt diese über 400 nM, ist das Thromboserisiko um das 3fache gegenüber einem Peak-Thrombin < 400 nM erhöht.

Oberschenkel- und Beckenvenenthrombose:

- Stat. Ther., Hochlagerung des Beines und Pütter®-Verbände.
- Antikoagulation wie bei Unterschenkelvenenthrombose. Marcumar® für 6 Mon., wenn es sich um ein Erstereignis handelte und keine Lungenembolie vorlag.
- Langfristig Kompressionsstrumpf Kl. 2 nach Maß (z.B. Venotrain® microbalance).

Weitere Therapien bei Thrombose vom Oberschenkel- oder Beckentyp:

- **Lysether.:** Vorher Duplexsono. Befund: nicht komprimierbare tiefe Beinvene „ohne" Binnenechos, Ind.: junger Pat., durch Internisten auf Intensivstation.
- **Thrombektomie:** Mechanische Entfernung des Thrombus von außen, ausnahmsweise von innen mit Fogarty-Katheter in Anti-Trendelenburg-Lagerung und Überdruckbeatmung durch Gefäßchirurgen.

! ASS 100 ist sowohl zur Behandlung als auch zur Nachbehandlung einer Phlebothrombose ungeeignet.

Wenn die allergologisch nicht so seltene Typ-IV-Sensibilisierung auf s.c. injizierte unfraktionierte (UF) oder niedermolekulare (NM) Heparinpräp. (gehäuft bei adipösen ♀) auftritt, muss diese abgeklärt werden. Hierzu kommen nacheinander folgende Verfahren in Frage: Epicutantest, i.c.-Test, wenn diese ohne path. Befund, s.c.-Test in ther. Dosis. Wenn path. Befund, sollte frühestens 6 Wo. später eine i.v.-Provokation mit z.B. Liquemin® N vorgenommen werden. Als Ausweichpräp. für UFH + NMH kommen die sog. Hirudine, die chemisch nicht mit den Heparinen verwandt sind, in Frage, z.B. die Thrombininhibitoren Bivalirudin (Angiox®), Desirudin (Revasc®) oder Lepirudin (Refludan).

22.2 Erkrankungen der Arterien

22.2.1 Arterielle Verschlusskrankheit (AVK)

Steckbrief

Durch verschiedene Risikofaktoren ausgelöste Gefäßerkrankung, die allmählich zu Stenosierung und Verschluss von Arterien führt. Dadurch Schmerzen beim Gehen und schließlich auch in Ruhe. Später durch Mangelversorgung Nekrosen- und Gangränentstehung (☞ Tab. 22.2).

Tab. 22.2 Klinik der AVK

Stadium der AVK nach Fontaine	Klinik
I	Beschwerdefreiheit, aber nachgewiesene Stenose oder Verschluss
IIa	Claudicatio intermittens, Gehstrecke > 200 m
IIb	Claudicatio intermittens, Gehstrecke < 200 m
III	Nächtlicher Ruheschmerz
IV	Ruheschmerz, Ulkus, Nekrosen, Gangrän

Therapie

Stadium I und II:

- Sofortige Elimination von Risikofaktoren (v. a. Rauchen).
- Gehtraining bis zur Schmerzgrenze, dadurch Ausbildung von Kollateralgefäßen.
- Gabe vasoaktiver Pharmaka, z. B. Pentoxiyllin (Trental®400, 2–3 × 1 Tbl./d).

Stadium IIb:

- Stat. Ther. mit Prostaglandin E_1 (Prostavasin®) i.a., 10 µg in 50 ml 0,9% NaCl-Lsg. über Perfusor in A. femoralis über 1–2 h (Off-label use).

- Relative Op.-Ind. gegeben.

Stadium III und IV:
- Absolute Op.-Ind.
- Perkutane transluminale Angioplastie (PTA): Bei kurzstreckigen Stenosen möglich.
- Thrombendarteriektomie: Ausschälung des betroffenen Gefäßes.
- Erweiterungsplastik.
- Bypass.

Stadium IV:
- Bei nicht operablen Zuständen und großen Nekrosen/Superinf.: Amputation als Ultima Ratio.
- Sekundärprophylaxe in allen Stadien: ASS 100 mg/d.

22.2.2 Malum perforans/Mala perforantia

Steckbrief

Ulkus/Ulzera an druckbelasteten Stellen als Folge einer Neuropathie, einer Ischämie oder beidem, v.a. bei Diab. mell. Häufig am Großzehenballen, prinzipiell an allen Druckstellen (durch zu enges Schuhwerk, über den Metatarsalköpfchen bei Hammerzehen). Lebenszeitrisiko für Diabetiker 12–25%.
Syn.: Mal perforant/Maux perforants.

Therapie

- Abklärung der arteriellen Gefäßsituation des Beines (AVK?).
- Normwertnahe BZ-Einstellung und Verbot des Barfußgehens.
- Wichtigste Maßnahme: Druckentlastung, z.B. durch Vorfußentlastungsschuh oder Total Contact Cast.
- Überprüfung der Ulkustiefe mit einer anatomischen Pinzette (sog. probe to bone). Bei Knochenkontakt Abklärung einer Ostitis. Regelmäßiges Abtragen der das Ulkus umgebenden Hyperkeratosen.
- Ulkussäuberung mit dem nicht zytotoxischen Lavasept®, dann stadienadaptierte Feuchttherapie.

- Bei Verdacht auf Infektion kultureller Erregernachweis mit Antibiogramm am besten aus einer **Gewebe**probe.
- Nach Ulkusheilung Tragen eines Spezialschuhs mit maßgefertigten Einlegesohlen, allmählich zunehmende Belastung des Fußes; Schuh vor dem Anziehen immer auf Fremdkörper überprüfen wegen der Polyneuropathie.
- Pflege des Fußes mit harnstoffhaltigen Externa z. B. Allpremed diabetic.

22.3 Lymphgefäßerkrankungen

22.3.1 Chronisches Lymphödem

Steckbrief

Durch chron. Überlastung des Lymphsystems ausgelöste Schwellung des betroffenen Versorgungsareals.

Therapie

- Beseitigung des Lymphstaus durch Kombination von manueller Lymphdrainage und intermittierender apparativer Kompressionsther. (z. B. Hydropress 1200 sequential), später Anpassung eines Kompressionsstrumpfes Kl. 3 oder 4 nach Maß (KI: Herzinsuffizienz, AVK).
- Regelmäßige Hautpflege, z. B. mit Excipial® U Lipolotio.
- Entstauungsübungen.
- Regelmäßige Kontrolle der Zehenzwischenräume (Mykose?).

22.3.2 Lymphangitis

Steckbrief

Bakt. ausgelöste Entzündung der Lymphgefäße. Meist Eintrittspforte (z. B. Verletzung) sichtbar und rötlicher Streifen entlang des betroffenen Lymphgefäßes. Meist LK-Schwellung.

Therapie

- Ruhigstellung der betroffenen Extremität.

- Sanierung der Eintrittspforte (z. B. Chinosol® Bäder, Braunovidon®-Salbenverband).
- Antibiotische Ther., z. B. Cefuroxim (-Sandoz®) 2 × 500 mg/d.

22.4 Chronisches Ulcus cruris

Steckbrief

Beingeschwür unterschiedlicher Genese, das > 6 Wo. besteht. Mögliche Ursachen: CVI, AVK, Vaskulitis, Diab. mell., Tumoren.

Therapie

- Wenn möglich: Ursachenbekämpfung oder Elimination (z. B. Entfernung eines Tu., gute Kompressionsther. bei Ulcus cruris venosum mit Binden oder einem speziellen Strumpf, z. B. Saphenamed® ucv).
- Festhaftende Ulkusbeläge per Kürette entfernen (ggf. ½ h vorher Emla® Creme gegen Schmerzen auftragen), ggf. auch Ulkusreinigung und Nekrosenabtragung in Vollnarkose.
- Schutz der Ulkusumgebung vor Mazeration mit Pasta zinci mollis oder 3 M Cavilon reizfreiem Hautschutz.
- Phasenadaptierte Ulkusther.
  - **Reinigung:** Nässende Wunden: Feuchte Verbände mit 0,9% NaCl-Lsg. anlegen, bei bakt. Besiedlung mit Problemkeimen feuchte Umschläge mit Lavasept®.
  - **Granulation:** Verbände mit Hydrokolloiden (z. B. Comfeel®, Tegasorb®); Verbände können über mehrere d belassen werden, dann Reinigung z. B. per Bad und Erneuerung des Hydrokolloidverbandes. Bei bakt. Besiedlung des Granulationsgewebes Verbände mit antiseptischen Gittergazen (z. B. Bactigras®). Sehr starke purulente Sekretion: Aufbringen von Aktivkohle (z. B. Contreet-H®).
  - **Epithelisation:** Hydrokolloidfolien (z. B. Varihesive® Extradünn), Hydrogele (z. B. Varihesive® Hydrogel) und Polyurethanschaumstoff (z. B. Mepilex®). Bei gro-

ßen Defekten op. Deckung z.B. mit Spalthauttransplantat.

22.5 Vaskulitiden

Steckbrief

Gefäßentzündung unterschiedlicher Genese (z.B. Infekt, Tumor, Autoimmunerkr.), die zur partiellen Gewebezerstörung führt.

22.5.1 Vasculitis allergica

Steckbrief

Oft mit Fieber, Abgeschlagenheit, Arthralgien auftretende Gefäßentzündung, die mit unterschiedlich großen Einblutungen in die Haut und Gewebezerstörungen einhergeht (stecknadelkopfgroße Einblutungen bis plaqueartige Ulzera). Ggf. Beteiligung innerer Organe (z.B. Gelenke, Niere).
Sonderform: Purpura Schoenlein-Henoch: Poststreptokokken-Vaskulitis, v.a. bei Kdr., ggf. Nieren-, Gelenk- und Herzbeteiligung; bei Erw. Tumorscreening.

Therapie

- Stat. Aufnahme.
- Ausschaltung auslösender Mechanismen (z.B. antibiotische Ther. einer Tonsillitis).
- Pütter®-Kompressionsverbände anlegen, Beine hochlagern, Bettruhe.
- **Steroidale Systemther.:** Sofern keine Ulzera vorliegen, Beginn mit 60–100 mg Prednisolon (z.B. Solu-Decortin® H), über 2–3 Wo. nach klinischem Befund ausschleichen.
- **Bei Ulzera:** Antiseptische Umschläge mit Lavasept®-Lsg.
- **Bei Therapieresistenz:** Ciclosporin A (z.B. Immunosporin®) 2,5–5 mg/kg KG/d, ggf. in Kombination mit Steroiden (z.B. Decortin® H) oder Cyclophosphamid (z.B. Endoxan®) 500 mg in 25 ml Aqua ad injectabilia i.v. über 2 h per Perfusor (an Blasenschutz mit Mesna denken!)

- **Weitere Therapiemöglichkeit:** Gabe hochdosierter Immunglobuline (z. B. Sandoglobulin®) 1 g/kg KG über 2 d, alle 4 Wo. wiederholen, Auslassversuch nach einigen Mon.

22.5.2 Urtikariavaskulitis

Steckbrief

Vaskulitis, die das klinische Bild einer Urticaria vortäuscht. Urtikarielle HV, die im Gegensatz zur „echten" Urtikaria ortsständig sind und > 24 h persistieren.

Therapie

Ausschaltung auslösender Mechanismen, z. B. infektiöse Foci. Steroidale Systemther. wie Vasculitis allergica (☞ 22.5.1).
Bei Therapieresistenz: DADPS (z. B. Dapson-Fatol) 100 mg/d (vorher G-6-P-DH und MetHb bestimmen).

22.5.3 Purpura pigmentosa progressiva

Steckbrief

Harmlose Erkr., die durch disseminierte bräunliche Petechien, v. a. an den Unterschenkeln gekennzeichnet ist. Variable Auslöser (z. B. Medikamente, Kontaktstoffe, Nahrungsmittel) bekannt.
Syn.: M. Schamberg.

Therapie

- Kompressionsther.
- Steroidale Lokalther. (z. B. Betamethasonvalerat 0,02% in Ungt. leniens) bis zur Besserung, jedoch max. über 4 Wo.
- Anschließende Pflege (z. B. mit Excipial® U Lipolotio oder Avène Trixéra Creme).

Prognose

Harmlose, aber sehr therapieresistente Erkr.; oft lässt sich selbst bei konsequenter Ther. keine Besserung erzielen.

22.5.4 Pyoderma gangraenosum

Steckbrief

Schwerste nekrotisierende Vaskulitis mit Ausbildung großer Ulzera mit aufgeworfenem Randwall. Ggf. assoziiert mit Grunderkr. (z.B. M. Crohn, Colitis ulcerosa, chron. Hepatitis, primär chron. Polyarthritis).

Therapie

- Steroidale Systemther.: Prednisolon (z.B. Solu-Decortin® H) in 250 ml 0,9% NaCl-Lsg. Beginn mit 1 g an d 1, 500 mg an d 2, 250 mg an d 3, 100 mg an d 4–10, anschließend Ther. mit 30 mg/d über mehrere Wo.
- Dauert steroidale Ther. voraussichtlich mehrere Wo. Kombination mit Azathioprin (z.B. Imurek®) 100–150 mg/d.
- **Bei Therapieresistenz:** Ciclosporin A (z.B. Immunosporin®) 5 mg/kg KG/d, ggf. in Kombination mit Steroiden (z.B. Decortin® H) **oder** Cyclophosphamid (z.B. Endoxan®) als Pulsther.: 15 mg/kg KG 1 ×/Mon. (an Blasenschutz mit Mesna denken!). Nach einigen Wo. zuerst in Abhängigkeit vom klinischen Befund das Steroid ausschleichen.
- **Weitere Therapiemöglichkeit:** Gabe hochdosierter Immunglobuline (z.B. Sandoglobulin®) 1 g/kg KG über 2 d, alle 4 Wo. wiederholen, Auslassversuch nach einigen Mon.
- **Bei Ulzera:** Bakt. Abstrich und antibiotische Ther., antiseptische Umschläge mit Lavasept®-Lsg.

23 Schwangerschaftsdermatosen

23.1 Unspezifische Schwangerschaftsdermatosen

Hierzu zählen physiologische Veränderungen der Haut und Hautanhangsgebilde wie Melasma, Zunahme der Pigmentierung von Areolae mammae und NZN, Naevi aranei, Striae distensae, Varizen, Hämorrhoiden, Palmarerythem, Hypertrichose durch Arrest der Haare in der Anagenphase, postpartales synchrones telogenes Effluvium mit spontaner Normalisierung innerhalb 1 J. Außerdem kann es zu Verschlechterung TH_2-assoziierter bereits bekannter Dermatosen (z.B. Autoimmundermatosen wie der Lupus erythematodes) und Verbesserung TH_1-assoziierter Dermatosen (z.B. Psoriasis) kommen, da in der Gravidität eine Dominanz der TH_2-vermittelten Immunität besteht.

23.2 Spezifische Schwangerschaftsdermatosen

Steckbrief
Heterogene Gruppe von stark juckenden Erkr., die exklusiv in der Gravidität und/oder direkt postpartal auftreten.

23.2.1 Atopische Schwangerschaftsdermatose

Steckbrief
Häufigste Schwangerschaftsdermatose. Erstmanifestation (80%) oder Exazerbation einer präexistenten Neurodermitis im 2. Trimester. Xerosis cutis. Rezidiv in Folgeschwangerschaften.

Therapie
- Rückfettende Externa mit Harnstoff, Polidocanol oder Linolsäure z.B. Optiderm® Lotion, Zarzenda® Creme.

- Für einige d niedrig potente Steroide z. B. Linola®Cort Hydro oder mittel potente, **nichthalogenierte** wie Advantan® Creme, Ecural® Fettcreme.
- UVB-Therapie.
- In schweren Fällen Antihistaminika z. B. Fenistil® Drg. oder Tavegil® Tbl.

23.2.2 Polymorphe Schwangerschaftsdermatose

Steckbrief

Zweithäufigste juckende Schwangerschaftsdermatose, selbstlimitierend, Beginn in den Striae gravidarum während der letzten Schwangerschaftswo. oder direkt postpartal mit Ausbreitungstendenz, bei Primiparae. Periumbilikalregion typischerweise **nicht** betroffen.

Syn.: pruritic urticarial papules and plaques of pregnancy, PUPPP.

Therapie

- Antihistaminika z. B. Fenistil® Drg., Tavegil® Tbl., Cetirizin (Sandoz®).
- Lokales Steroid ☞ 23.2.1.

23.2.3 Pemphigoid gestationis

Steckbrief

Sehr seltene selbstlimitierende bullöse Autoimmundermatose, Beginn i. d. R. im 3. Trimester mit starkem Pruritus am Abdomen mit Ausbreitungstendenz, Periumbilikalregion betroffen, Schleimhäute stets frei. Rezidiv in Folgeschwangerschaften, Kontrazeptiva postpartal kontraindiziert. Häufig sog. small-for-date babies.

Syn.: Herpes gestationis.

Therapie

- Antihistaminika ☞ 23.2.2.
- Präbullöses Stadium: Lokales Steroid ☞ 23.2.1.

- Bullöses Stadium: Syst. Prednison (z.B. Decortin®) initial 0,5–1 mg/kg KG/d, langsame Dosisreduktion, **präpartal** Dosiserhöhung!

23.2.4 Intrahepatische Schwangerschaftsdermatose

Steckbrief

Hormonell getriggerte, familiär gehäuft vorkommende, nicht obstruktiv bedingte, reversible Cholestase (postprandial bestimmte Gallensäure i.S. > 10 µmol/l) in der Spätschwangerschaft. Typisch generalisierter Pruritus zunächst ohne HV, der postpartal innerhalb weniger d abklingt. Früh- und Totgeburtenrate **erhöht**. Rezidiv in Folgeschwangerschaften. Kontrazeptiva postpartal kontraindiziert.
Syn.: Pruritus gravidarum.

Therapie

- Interdisziplinäre Betreuung durch Internisten und Gynäkologen.
- Ursodeoxycholsäure (Ursofalk® Kps.) 15 mg/kg KG/d (Off-label use).

23.3 Anhang über Medikamente (generic names), die in Gravidität (G) und/oder Stillzeit (S) verordnet werden können in alphabetischer Reihenfolge:

- Aciclovir syst. (G im Notfall/S), lokal (G/S), Azathioprin (G/S).
- Benzylbenzoat (G/S).
- Calcipotriol lokal (kleinfächig G/kleinflächig S), Cephalosporine der 2. Generation (G/S), Cetirizin (G/S), Ciclosporin (G/S), Clotrimazol (G/S), Cromoglicinsäure (G/S), Crotamiton (G/S).
- Dimetinden (G/S), Doxycyclin (G ab 16. SSW KI/S).
- Erythromycin (G nicht Estolat/S), Ethambutol (G/S).

- Glukokortikoide lokal (G kleinflächig/S kleinflächig), syst. (G Prednison/S Prednison).
- Heparin zur Injektion (G/S).
- Interferone (G/S), Imiquimod (S), Isoniazid (G/S Säugling Vit. B_6 geben).
- Loratadin (G/S).
- Miconazol (S).
- Nystatin lokal (G/S).
- Paracetamol (G/S),Penicilline (G/S), Phenprocoumon (S), Pimecrolimus (S), Podophyllotoxin (S), Polidocanol lokal (G/S), Pyrazinamid (G nur als Reserve/S), Pyrethrumextrakt (G/S). Pyrviniumemborat (G/S).
- Rifampicin (G/S), Roxithromycin (G/S).
- Salbutamol (G/S).
- Tacalcitol (G kleinflächig/S kleinflächig), Tacrolimus lokal (G nur als Ausnahme/S).

Bei Fragen kann man sich an die Beratungsstelle für Embryonaltoxikologie Berlin (Tel. 0 30/30 30–81 11 oder E-Mail mail@embryotox.de) wenden.

Index

A

B

C

D

I

Q

R